異国のおやつ

岸田麻矢 著

X-Knowledge

目次

第3章 中東のおやつ

第4章 アジアのおやつ

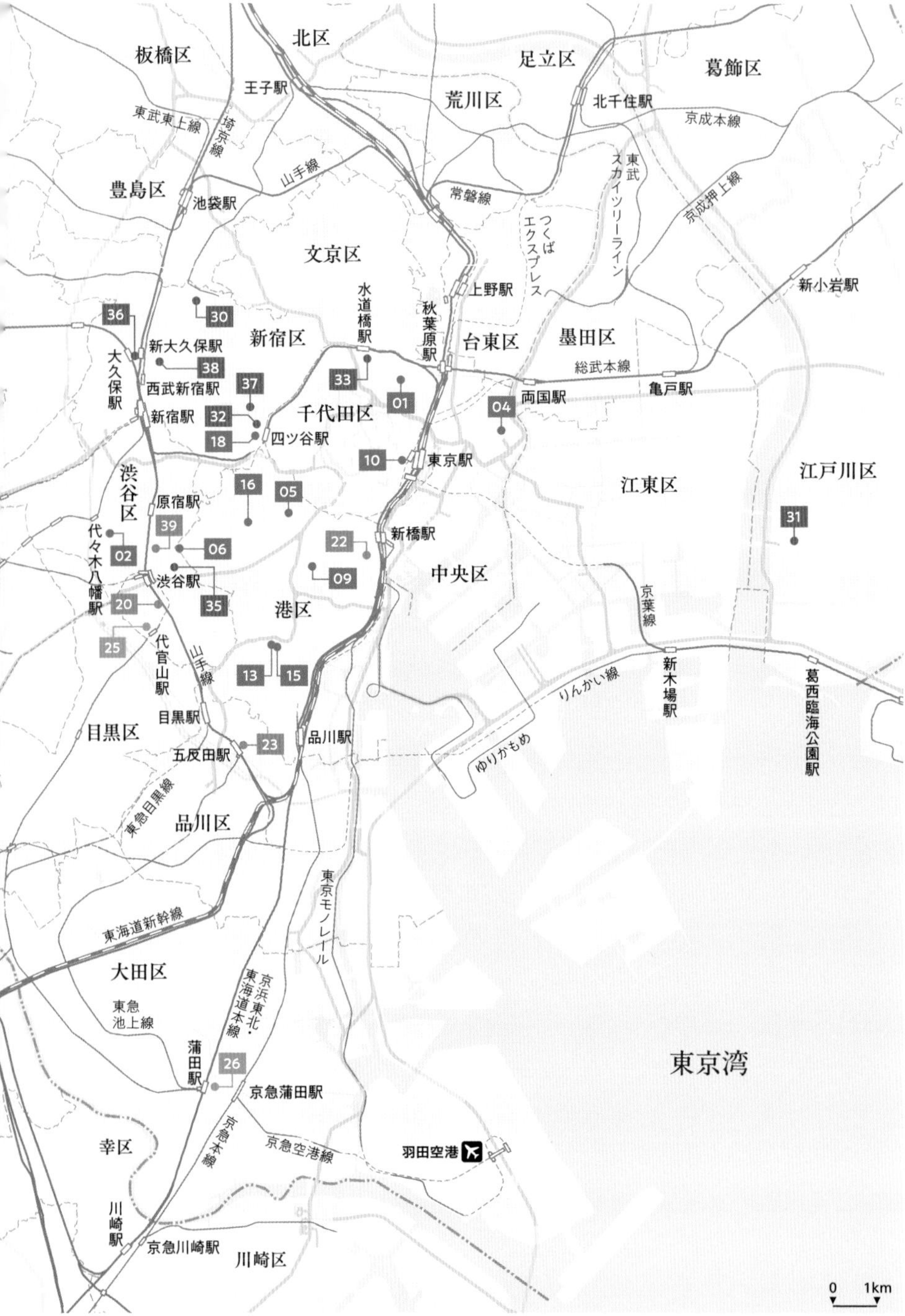
北区
板橋区
足立区
葛飾区
王子駅
荒川区
北千住駅
東武東上線
埼京線
京成本線
東武スカイツリーライン
山手線
豊島区
池袋駅
常磐線
京成押上線
つくばエクスプレス
文京区
水道橋駅
上野駅
新小岩駅
秋葉原駅
36
30
新大久保駅
新宿区
台東区
墨田区
大久保駅
38
西武新宿駅
37
33
総武本線
01
両国駅
亀戸駅
04
新宿駅
32
千代田区
18
四ツ谷駅
10
東京駅
渋谷区
16
05
江東区
江戸川区
原宿駅
39
31
代々木八幡駅
02
06
22
新橋駅
渋谷駅
09
中央区
20
35
京葉線
港区
25
代官山駅
山手線
13
15
りんかい線
新木場駅
葛西臨海公園駅
目黒駅
目黒区
品川駅
23
五反田駅
ゆりかもめ
東急目黒線
品川区
東京モノレール
東海道新幹線
大田区
京浜東北・東海道本線
東急池上線
蒲田駅
26
京急蒲田駅
東京湾
京急本線
京急空港線
羽田空港
幸区
川崎駅
京急川崎駅
川崎区
0 1km

練馬区
西武池袋線
練馬駅
西武新宿線
都立家政駅
03
19
武蔵野市
28
29
中野駅
東中野駅
中央本線
吉祥寺駅
12
杉並区
中野区
三鷹市
京王井の頭線
07
27
24
明大前駅
21
代々木上原駅
京王線
08
下高井戸駅
豪徳寺駅
東北沢駅
東京都
下北沢駅
調布市
山下駅
11
柴崎駅
小田急小田原線
東急世田谷線
狛江市
世田谷区
学芸大学駅
34
登戸駅
二子玉川駅
東急東横線
17
多摩区
溝の口駅
14
自由が丘駅
東急大井町線
武蔵溝ノ口駅
東急田園都市線
高津区
川崎市
中原区
南武線
東急多摩川線
宮前区
武蔵小杉駅
神奈川県
都筑区
横浜市
港北区
東急東横線
横須賀線
鶴見区

本書の情報について

- 店舗情報は 2020 年 4 月のものです。営業形態・営業日・時間が変更になっている可能性がありますのでご注意ください。オンライン注文可能なお店については各ページにHPアドレスを記載していますが、最新情報をご確認ください。
- 商品の輸入状況により、お店には在庫がない場合もありますのでご注意ください。
- お菓子の価格は基本的に税抜き金額を記載しています。

ブックデザイン　日向麻梨子（オフィスヒューガ）
写真　浜田啓子
スタイリング　鈴木亜希子
地図制作　アトリエプラン

第1章

ヨーロッパのおやつ

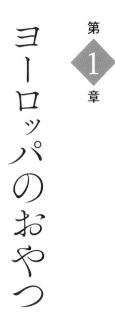

ポルトガル

長い歴史が育んだ修道院生まれの素朴な焼き菓子

たまごプリン、さまざまな伝統菓子

Pudim de Ovos, Traditional Sweets

ポルトガルには、卵黄をたっぷり使った黄色くて甘いお菓子がたくさんあります。それは多くの伝統菓子が修道院で生まれたという背景があるから。かつて卵が貴重だった時代、修道院では養鶏がさかんだった上に、修道女になる人が鶏や卵を持参金として納める習慣もあり、ふんだんに卵が手に入ったのです。15世紀には植民地から大量に砂糖がもたらされ、ハチミツの代わりにシロップ状にした砂糖を用いるようになります。王族や貴賓を頻繁にもてなしていた修道院では卵や砂糖を惜しみなく活用し、工夫を凝らしたレシピが次々と考案されました。

アーモンドやイチジク、オレンジを使うのは、8世紀から12世紀半ばまでポルトガルを支配していたムーア人の食文化の名残で、特に南部のお菓子によくみられます。新大陸からやってきたトウモロコシの栽培に成功した北部では、トウモロコシ粉を使ったお菓子が誕生しました。

細い路地裏で早朝から開店しているすてきなお店です。「ドースイスピーガ」は、こじんまりした「甘いトウモロコシの穂」という意味の店名は、店主の高村さんが北部の町に住んでいたときに毎日通っていたカフェの名前。ポルトガルにいるような雰囲気の店内には、卵の味が濃厚な固いプリンをはじめ、歴史を感じさせる数々の素朴な伝統菓子が並んでいます。

ドース イスピーガ

東京都千代田区神田小川町3-2-5
Fax｜03-5577-6575
open｜7:00～18:00（月～金）
8:00～15:30（土・祝）
末尾「1」のつく日と日曜休

大きな型でつくって切り分けて食べるポルトガルならではの「たまごプリン(カット490円、ホール小1890円)」は、どっしりとした硬いプリンが好きな人におすすめ。オレンジプリンは、牛乳を控えめにしてオレンジジュースを使った爽やかな味。

左：中部の町レイリアを流れるリス川近辺の修道院で生まれた「リス川のそよ風（280円）」。卵の風味がしっかりと感じられ、やわらかくもっちりした食感の羊羹のようなお菓子です。
右：「アメリアさんのお菓子（260円）」は、トウモロコシ粉を使った北部の焼き菓子。トウモロコシ栽培は雨の多い北部で最初に始まりました。トウモロコシを飼料に家畜をたくさん飼えるようになり、北部には豊かな集落が増えていったそうです。

ポルトガル中央部の小さな町で生まれた「トーレスノーヴァスのいちじく（350円）」は、干したイチジクのまんなかに卵とアーモンドの粉のねっとりした生地が入った、ほおずきのような上品なお菓子です。

Queque da Amélia
アメリアさんのお菓子
¥260
Bolo de iogurte con papoila
ケシの実入りヨーグルトケーキ
¥320
Queque de Laranja
オレンジケーキ
¥330
Pão-de-Caco
カコパン
¥290

当初は三輪自転車でお菓子の行商をしていた高村さんは、2017年に念願のお店をオープン。小さな店内にはイートインカウンターもあり、朝からひっきりなしにお客さんが訪れます。

厨房の入り口には「ポルトガルでひとめぼれして思わず買ってしまった」というお魚の形をしたドアノブがつけられています。

ポルトガル

サクサクのエッグタルトに黄金色のとろけるカステラ

パステル・デ・ナタ、パン・デ・ロー

Pastel de Nata, Pão-de-ló

ポルトガル料理レストラン「クリスチアノ」の姉妹店。外にイートインのベンチがありますが、店内はレジカウンターだけの小さなお店。持ち帰りのパッケージはアズレージョをモチーフにしたデザイン。

ナタ・デ・クリスチアノ

東京都渋谷区富ケ谷1-14-16
スタンフォードコート103
tel｜03-6804-9723
open｜10:00〜19:30／無休
online shop｜http://www.cristianos.jp/nata/

ポルトガルでもっとも知名度の高いお菓子が「パステル・デ・ナタ（愛称はナタ）」というエッグタルト。パステルは練った粉、ナタはクリームという意味で、18世紀初頭、リスボン近郊のベレンの修道院のものが評判となりました。当時の修道院ではワインの澱の除去や洗濯物の糊づけに卵白を使用していたので、たくさんあまった卵黄を使うために考案されたという逸話があります。

本場ベレンのナタのおいしさを日本に広めたいと開店したのが、ポルトガルレストラン「クリスチアノ」の姉妹店「ナタ・デ・クリスチアノ」です。高温で焼きあげたパイ皮が驚くほどパリパリで、とろりとした玉子クリームは甘すぎず、しかし濃厚です。シナモンをたっぷり、粉糖を少々ふりかけて食べるのが本場のスタイルですが、塩味が効いているのでお酒にも合います。

お店では、ポルトガルではエッグタルトと同じくらい人気のチーズタルト「ケイジャーダ・デ・シントラ」や半熟カステラ

パステル・デ・ナタ（220円）は、1日800～1200個ほど焼くという人気のお菓子。ポルトガルでは材料にマーガリンや牛乳を使用していますが、試行錯誤の末にお店では北海道の発酵バターと生クリームを使い、ポルトガル産の塩で味を完成させました。

の「パン・デ・ロー」、ふわふわのスポンジ菓子「パポシュ・デ・アンジョ」のほか、季節限定のお菓子やお惣菜なども売られています。

左：ポルトガルではカフェの軽食として人気があるチキンパイ「エンパーダ・デ・フランゴ（242円）」。築地宮川の鶏肉を使用し、塩胡椒とナツメグのみというシンプルな味つけ。
下：ふわふわの食感から“天使ののどぼとけ”という名前がついた修道院菓子「パポシュ・デ・アンジョ（242円）」。“ドース・デ・オボシュ”というポルトガル菓子に欠かせない卵黄クリームをスポンジで挟んでいます。

中部オヴァール地方の半熟タイプの「パン・デ・ロー（880円〜）」。
手でちぎって食べるのが現地風。

有名なアズレージョと呼ばれるタイルは、15〜16世紀頃にムーア人がイベリア半島に伝えたものです。ポルトガルではお菓子屋さんの入り口や看板などにも使われています。

スイス・ドイツ

スパイスやお酒が効いた個性あふれる味

レールケン、シュワルツベルダー、ブリスレ・フリヴォジョワ

Rehrücken, Schwarzwälder, Bricelets Fribourgeois

聞いたこともないようなめずらしいスイスやドイツの伝統菓子がずらりと並ぶショーケース。ひとつひとつにていねいに手書きの説明がついていて、はたしてどんな味なのか、全部食べてみたくなる。そんな店主の情熱がお客さんにも伝わってくるお店が「こしもと」です。

日本の洋菓子界の基礎を築いたドイツ人マイスター、ポール・ゴッツェさんの愛弟子だった腰本さんが、師匠の精神と技を受け継ぎ、戦後のいちばんよい時代の味を今に伝えています。

スイスやドイツのお菓子の特徴について腰本さんに聞いてみると、複雑な歴史背景があり地方による差も大きいからひとことで言い表すのは難しいとしつつも、「万人受けする味ではないんですよね」という答えが返ってきました。

だからといって味に妥協はせず、お酒や香辛料も必要ならしっかり使っています。残留農薬の少ない小麦を選んで自分で粉に挽くなど、素材の安全性にも気を配っているとのこと。また「毎日同じものをつくるのではなく、その日おいしいものをお店に出す」というのがゴッツェさんの考え方。腰本さんがみんなに知ってほしいと思うおいしい味が、いつも店頭に並びます。

バンビの絵柄が愛らしい「エンガディーナ・ヌストルテ」(1370円)。くるみとハチミツのフィリングをクッキー生地で包んだ、スイスのエンガディン県に伝わる銘菓です。

スイス・ドイツ菓子　こしもと

東京都中野区若宮3-39-13
tel | 03-3667-0426
open | 10:00〜20:00／火曜休

A:「シュワルツベルダー（420円）」ドイツでポピュラーな“黒い森のさくらんぼのトルテ”。チョコレートとチェリーを使った大人の味。／B:「レールケン（370円）」バターをたっぷり使ったスポンジをアーモンドとココアの生地でくるんだケーキ。シカの背中に見立てたゴツゴツした形からその名前がついたスイスのお菓子です。／C:「モーンシュトゥルーデル」青ケシの実を使ったイースト菓子。渦巻き状になったペースト部分には、お店で挽きたてのケシの実を使っているので、香りと味がきわ立っています。

ショーケースにずらりと並ぶ生菓子。クワルクチーズを使った人気のケーゼトルテ、師匠から受け継いだゴッツェトルテ、そば粉を使ったグルテンフリーのトルテなども人気があります。

苺のショートケーキ 5号
(4人〜6人)
¥2,950
モーンシュマンド
ケシの実と発酵クリームと共に
じっくりと時間をかけて焼き上げたケーキ
ふわっともったりとした食感で
ミルキーな味わい。
日持ち 2日 ¥420
スイスロール
¥410
カラカス

上：スイスのフリブール地方の収穫祭で食べられているワッフル「ブリスレ・フリヴォジョワ（480円）」とその焼型（左）。
下：膨大な数のお菓子が収録された、師匠ゴッツェさんの著書『現代スイス菓子のすべて』。工房で大切に読み込まれてきた形跡がうかがえる貴重な１冊。

A:「ビレベケ（480円）」赤ワインで煮た洋ナシなどのペーストが入ったイースト菓子。／**B**:「シュピリンゲルレ（125円）」ほんのりミントが香る伝統菓子。クマの型がかわいらしいのですが、とても硬いので歯の弱い人にはおすすめできません。／**C**:「トーテンバインリ（125円）」“死んだ（人の）足”という意味で、もともとはお葬式の後のお茶の時間にふるまったクッキー／**D**:「リンツァー（230円）」スパイスを使った生地にナッツとサワーチェリーが入った焼き菓子。／**E**:「シュバルツバイスブレッツェル」ココア味のクッキー生地とパイ生地をねじったブレッツェル。

ドイツ

素朴な見た目と繊細で本格的な味 南ドイツのケーキとパン

ビーネンシュティヒ、
リーベスクノーヘン、
フラーメンデヘェルツェン
Bienenstich, Liebesknochen,
Flammendeherzen

「ビーネンシュティヒ（278円）」見た目はケーキのようですが、焼いたパンを半分に切ってクリームを挟み、キャラメリゼしたアーモンドをトッピングしたもの。口あたりがやさしくて、とてもおいしいお菓子です。名前は“ミツバチがちくっと刺す”という意味。

国土が広く、地方色が非常に豊かなドイツ。ハチミツや香辛料を用いた伝統菓子「レープクーヘン」だけでも百種類ほどレシピがあり、パンの種類もじつに四百から六百種類は存在するといわれています。小麦がとれずライ麦でパンをつくっていた北部とくらべると、南部は圧倒的にパンの種類も多様です。

「タンネ」は南ドイツのパンとお菓子の専門店。本場の美味しさを伝えるために日本向けに甘さをおさえたり、口当たりを変えたりすることは一切していないそうです。

お菓子とパンのマイスターが明確に区別されているドイツでは、お菓子屋のケーキとパン屋がつくるケーキには違いがあります。たとえばパン屋ではお店のパンを乾燥させてつくったパン粉を生地に利用することも多く、そのためにわざわざ多めにパンを焼くこともあるのだそうです。それがその店にしかつくれない独自の味を生んでいるのです。

ドイツパンの店 タンネ

東京都中央区日本橋浜町2-1-5
tel | 03-3667-0426
open | 8:00～19:00（土8:45～18:00）
日祝休

店内にぎっしり並ぶパンの数々を見れば、ドイツパンは固いものという先入観はなくなるはず。リンツァートルテやマーモアクーヘンなどの定番のケーキのほか、お菓子の基本となる生地「ミューブタイク」を使った焼き菓子も豊富。冬はチョコレートや揚げ菓子、春は卵を使った復活祭のお菓子など、季節の商品も登場します。

タンネでは、見た目よりもまず味のハーモニーを大切にしているといいます。かたちは素朴ですが味は抜群、ユーモアたっぷりの名前がついているのもドイツ菓子の特徴です。

上：「ブッヒテルン（181円）」シナモン味のダークチェリーを生地に詰め込み、バターをたっぷり使って焼き上げた、ちぎりパンとケーキの中間のようなお菓子。甘酸っぱくてしっとりしたおいしさ。
下：「マーゲンブロート（463円）」レープクーヘンの一種で、スパイスの効いた素朴な焼き菓子。"胃のパン"という意味の名前は、使っているスパイスが胃薬になる、おいしさのあまり食べ過ぎて胃をこわすというふたつの意味から。

上：「フラーメンデヘェルツェン（278円）」半分チョコレートがけされたクッキーの繊細な甘みと、間に挟まれた木苺のジャムの酸味が絶妙のバランスのお菓子。炎のような形なのは“燃える心”という意味だから。右側の「リーベスクノーヘン（愛の骨・278円）」とセットでプレゼントするのにぴったりです。
下：「ドナウヴェレ（315円）」1～3月限定のリッチな味わいのケーキ。“ドナウ川の波”という名前のとおり、上部のチョコレートには波模様が。さらにチェリーが沈んでいるケーキの断面も白黒の生地が波形を描いています。

ドイツ

重厚でどっしり チョコレートを楽しむ ドイツの焼き菓子

チョコシュニッテン、マナハイマードレック、モーン

Schokolade Schnitten, Mannheimer Dreck, Mohn

カーベーケージ

東京都港区赤坂6-3-12
tel｜03-3582-6312
open｜7:00～19:00（土・祝 7:00～15:00）
日曜休
online shop｜http://www.kb-keiji.jp/

昭和レトロな店構えがなつかしい雰囲気の、昔ながらのドイツパン屋さん。ウインドウには味のある手描きのポスターが貼られていて、中に入るとブレッツェルやライ麦パンなどの本格的なドイツパンに、焼き菓子やクッキーなどが所狭しとぎっしり並んでいます。

1972年創業のカーベー・ケージでは、店主の斉藤敬二さんがその昔ドイツで修行して学んだ製法を守り、重厚な味をつくり続けてきました。

壁に大きく〝200年の歴史ある銘菓〟と手書きの貼り紙がある「マナハイマードレック」は、マジパンやヌガーを使っているせいか、やわらかい不思議な食感がクセになりそうな味のお菓子。オブラートの上にナッツやリンゴが入った生地をのせて焼き、チョコレートで仕上げています。

店内には、そのほかにもチョコレートを使ったお菓子がたくさんあるのですが、それもそのはず、じつはドイツは世界でも有

A:「チョコシュニッテン（345円）」ドライフルーツとチョコレートのフィリングを、バターケーキとマジパンでくるみ、チョコレートで仕上げています。フィリングがしっとりしていて独特のおいしさ。／D:「マナハイマードレック（324円）」名前の意味は“マンハイムの泥”。1822年、マンハイム市議会が泥を道に放置することを禁止する法令を出したのを受けて、あるお菓子屋さんが冗談でお店の窓に泥のように見えるお菓子を並べたというのが由来です。／C:「モーン（324円）」バターたっぷりのビスケットでラズベリージャムを挟み、チョコレートで彩ったお菓子。口の中でほろほろと崩れていくビスケットと甘酸っぱいジャムが織りなすやさしい味。

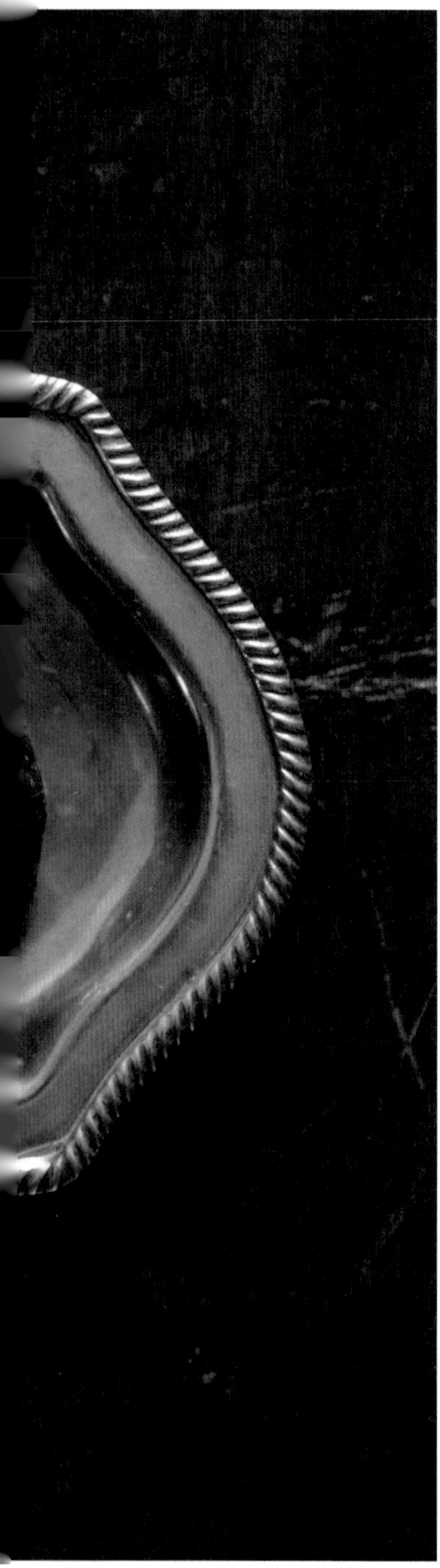

クッキーやメレンゲ、チョコレートなどの種類も豊富。お店の名前の入った赤いパッケージやドイツ国旗の色のリボンがかわいらしくて、手土産にもよさそう。

数のチョコレート大国で、2017年の1人あたりのチョコレート消費量は世界第2位。カカオを生地に加えたり、ケーキやクッキーのコーティングに使ったり、チョコレートもドイツのお菓子に欠かせない食材なのです。

左：「フロレンテーナ（345円）」フランスのお菓子「フロランタン」のドイツ版といえるお菓子で、アーモンドとドレンチェリー、オレンジピールなどをハチミツと一緒に時間をかけて炊き、それを薄く伸ばして焼いたものにチョコレートを重ねています。
右：「ヌスクナカ（324円）」ビスケットの上に香ばしい大粒のヘーゼルナッツがごろごろ乗っているボリュームのあるチョコレート菓子。「ナッツがパキパキ割れる」という名前の通り、カリッとした歯ごたえ。

オーストリア

ハプスブルク帝国の時代から人気のおやつ

カイザーシュマーレン、アプフェルストゥルーデル

Kaiserschmarren, Apfelstrudel

右：ふわふわの「カイザーシュマーレン（780円）」は、卵白と卵黄を別々に泡立ててつくるのがポイント。できあがってから切り分けるのではなく、途中で生地を切りながら焼き上げます。”シュマーレン” は、”つまらないもの”や“切れはし”などの意味もあり、また名前の由来にはフランツ・ヨーゼフ１世にまつわる逸話がいくつも存在します。

カフェ ラントマン 青山店

東京都港区北青山3-11-7 Ao 4F
tel｜03-3498-2061
open｜ 11:00～23:00（月～土）
22:00（日・祝）／Aoに準ずる

細切れのパンケーキのような「カイザーシュマーレン」。ハプスブルク帝国の時代から人気のおやつで、リンゴとスモモのソースと一緒にいただきます。フランツ・ヨーゼフ1世の大好物でもありました。

名前の由来について聞いてみると、諸説あって本当のところは謎だけれど、カイザー（皇帝）にシュマーレン（引き裂く）という意味から、皇帝がわざわざナイフでカットしなくても食べられるようにと料理人が生地を切り裂いたのでは、というのも通説となっています。

有名な「アプフェルストゥルーデル」は薄く伸ばした生地でリンゴとレーズンを包んで焼いたもの。トルコのバクラヴァに由来するお菓子とされています。いわれてみれば、紙のように薄い生地はバクラヴァにそっくり。クリームを添えて食べるのが一般的です。

ラントマンは、1873年に誕生したウィーンでもっともエレガントなカフェ。

ウィーン本店の雰囲気を忠実に再現した店内。ミルクやクリーム、リキュールなどを使った30種類以上のカフェメニューのほか、ランチやディナータイムには伝統的なウィーン料理も味わうことができます。

ゆったりとくつろげるテラス席も人気。

オーストリアの社交界や政界の著名人に長年愛されてきた歴史があり、いまでも憩いの場として多くの人々に親しまれています。青山にある海外1号店でも本場のバリエーション豊かなカフェメニューとケーキを味わいながら、ウィーンにいる気分で優雅な時間を過ごせます。

ストゥルーデルには“渦巻き”という意味があります。「アプフェルストゥルーデル（680円）」は、紙のように薄いストゥルーデル生地でリンゴを何層にも巻いて焼きます。薄皮としっとりしたフィリングが絶妙のハーモニーを奏でます。

2.

へんなおばさまがた

「きょうの午後、家におばさまがたがやってくるの」

ベルンカは、どきどきしています。

「いったい、なん人くるんじゃ？」

おじいさんは、しりたくてしかたありません。

「10人はくるわ。でも、みんな、にせものなの。

もう、ノイローゼになっちゃいそう！」

「なんになるって？」

「ノイローゼよ。頭がへんになること。

お母さんがよくいうわ」

「にせものって、どういうことじゃ？」

「ほんとのおばさまじゃないの。ただの、おせっかいおばさまなの。

はじめは、えんりょしてるけど、おかしのバーボフカをぜんぶ食べちゃうし、
わたしはいつも質問ぜめ！ ともだちはなん人？ ボーイフレンドはいるの？ とか」

「もう、たくさんじゃ！ わしもノイローゼになってしまうわい！」

3.

ベルンカはおつかれ

にせものおばさまは、ウルシュラ
おばさんを先頭にやってきて、
夜になっても、まだいます。
ベルンカは、おぎょうぎよく
していたので、すっかり
つかれてしまいました。
そして、おじいさんに
おやすみなさいをいうと、
すぐにベッドに入って
ねてしまいました。

29

バーボフカは絵本やアニメにもよく登場するほど親しまれているケーキ。写真は、ココアとラム酒漬けのレーズンが入った「バーボフカ（400円）」。

チェコ

素朴なマーブルケーキと
ハチミツ入りの生地を重ねた
優しい甘さのケーキ

バーボフカ、メドヴニーク

Bábovka, Medovník

「バーボフカ」はチェコではだれもが知るお菓子。中世に中央ヨーロッパで広まった山型のケーキ「クグロフ」の親戚で、帽子のような型を使って焼く素朴なマーブルケーキです。

料理を通じて子どもからおじいちゃん、おばあちゃんまで幅広い世代の人にチェコのよさを伝えたいと、姉妹ではじめたレストラン「セドミクラースキー」。店名は"ひなぎく"という意味。チェコのおうちに招かれたような気持ちになる雰囲気のお店です。

セドミクラースキー

東京都渋谷区西原3-16-7
tel｜03-5478-8057
open｜水金土18:00～23:00
月火木日曜休

基本的には家庭でつくるお菓子なのでレストランなどではあまり見かけないとのことですが、なぜかホテルの朝食ビュッフェには必ずあるのだそうです。シンプルなケーキなので家庭によってじつにさまざまなアレンジが存在し、現地のお菓子のレシピ本を見ても、バーボフカだけでまるまるひとつの章ができているほど。

もうひとつ人々に愛されているのが「メドヴニーク」。ロシアから東ヨーロッパへと広がったと言われているハチミツケーキで、ハチミツを入れて焼いた生地にキャラメル味のバタークリームを挟んで何層にも重ねていき、最後に砕いた生地とクルミをあわせたクラムで包んで仕上げます。薄い生地を何枚も焼くという手間のかかる製法は、ハンガリーのドボシュトルタにも似ています。できたてもサクサクしておいしいのですが、ひと晩寝かせておくとしっとりと味がなじんでよりケーキらしい食感になります。

ちょっぴりお酒も入った大人の味の「メドヴニーク（550円）」。“メド”はハチミツという意味。プラハではスーパーでもよく売られています。

ポーランド

「脂の木曜日」に食べる国民的ドーナツ

ポンチキ pączki

ふわふわの「薔薇ジャム入りのポンチキ（320円）」には、アーモンドスライスをトッピング。「ルケル」と呼ばれるグレーズでコーティングしています。

カトリック教会では復活祭（イースター）の前に四旬節と呼ばれるおよそ40日間の断食期間があります。昔からヨーロッパでは、その直前の木曜日や火曜日など謝肉祭にあたる期間に脂をたっぷり使った甘いお菓子を食べる風習があり、南フランスのベニエやドイツのベルリーナーが有名ですが、ポーランドで食べられているのが「ポンチキ」というドーナツです。

ドーナツ自体の起源は古代ローマやギリシャの時代まで遡りますが、ポンチキの原型が誕生したのはおそらく15世紀頃。はじめは肉や背脂を入れていたのが、16世紀頃に甘いお菓子になり、18世紀によりふわふわな生地に改良されました。香りのよい薔薇のジャムを中に入れるのが定番。薔薇ジャムはその昔オスマントルコから伝わった文化の名残でしょう。

現在は年中食べるけれど、今も〝脂の木曜日〟は朝からポンチキ屋に行列ができる一大イベント。「この日にポンチキを食べないと1年間幸せになれない」という迷信もあり、その日だけで1億個近くのポンチキがポーランド人のお腹におさまっているそうです。こんなにも愛されているポンチキ、日本でも「ポンチキヤ」で食べることができます。

上：ピンク色の壁がかわいらしい店内は「ポーランドのおばあちゃんの家」をイメージ。
下：店主の坂元さんがひとりで切り盛りするポンチキ専門店「ポンチキヤ」では、「バターケーキ（170円）」などの焼き菓子のほか、ピエロギなどの軽食も食べることができます。

ポンチキヤ

東京都調布市菊野台1-27-20
open｜11:30～20:00（16:00～17:00はクローズ）
水木休
online shop｜https://poland.saleshop.jp/

左：フルーツの入った「バターケーキ（170円）」などの焼き菓子もお店に並んでいます。
右：「ピエルニチュキ（大45円、小25円）」はやわらかい食感のジンジャークッキー。
下：薔薇ジャムにもおとらず人気の「ラズベリーポンチキ（260円）」。ポーランド語でポンチキは複数形で、単数形はポンチェック、“小さい蕾”“蕾ちゃん”といった意味です。

ベラルーシ

赤いベリーで彩られたスラブ家庭の伝統的なデザート

ブリンチキ、シャルロトカ、ホヴォロスト

Blinchiki, Sharlotka, Hvorost

ミンスクの台所

東京都港区麻布台1-9-14 ランドコム麻布台 1階
tel | 03-3586-6600
open | 10:30～22:30(22:00 LO)／日曜休

ベラルーシの伝統的なおやつは何ですか？ という質問に、うーん、と考え込んでしまったのが「ミンスクの台所」のヴィクトリアさん。「長い歴史の中でまわりの国の文化が混じり合っているので、ベラルーシだけの伝統ではないけれど」と言いつつも、家庭ではカッテージチーズに果物を使ったおやつをよくつくるとのこと。

ベラルーシの人々が小さな頃から親しんでいる味は、カッテージチーズのクレープ巻き「ブリンチキ」と揚げドーナツのような「ホヴォロスト」。スパイスの効いたリンゴのケーキ「シャルロトカ」も人気です。どれもやさしい味なのは「子どもも食べるので、複雑な濃い味にはしないんです。使う材料もシンプルだから、家庭で簡単につくることができて、飽きない味になるんですね」とヴィクトリアさんは言います。

赤いベリーで彩りを添えているのにも理由がありました。「ベラルーシやロシア、ウクライナなどでは〝赤〟と〝きれい〟は

「ブリンチキ（650円）」は、レーズン入りのチーズをクレープで包み、サワークリームをかけた温かいデザート。意外とあっさりとして軽い味なので「たくさん料理を食べた後で、チーズの入ったクレープなんて無理と日本のお客さんは言うけど、みんなぺろっと食べちゃう」とヴィクトリアさん。

「シャルロトカ（570円）」は、ほんの少しナツメグを入れるのが秘訣。そうするとシナモンの香りがきわ立つのだそうです。卵をよく泡立てた生地にリンゴのスライスを乗せてオーブンに入れると、焼いている間に自然にリンゴが沈んで波型の層になります。簡単にみえてきれいに仕上げるのがとても難しく、これがちゃんと焼けるようになったら一人前。

ほんのり甘くてサクサクの「ホヴォロスト（570円）」。名前の由来は、かまどに火をくべるのに使う小枝を折ったときのパキッという音。生地を薄くして揚げると、さらにパキッとした歯ごたえになります。揚げ立ての香ばしい香りは、生地にサワークリームを使っているから。

店内にはベラルーシの美しい民芸品や絵皿がたくさん飾られています。幸せのお守りとされる、わら細工の人形はベラルーシの特産品。どのテーブルにもそれぞれ違った表情のお人形が置かれています。

同じ言葉なんです。赤いものはきれい。だから昔から民族衣装や装飾品に赤を使うし、パプリカやビーツ、コケモモを使った赤い料理も大好きなんです」

"スパイス"という名前のとおり「プリャーニキ」はスパイスをたっぷり使ったクッキー。甘みをハチミツでつけるのは、昔は砂糖よりもハチミツのほうが豊富で値段も安かったため。プルーンやレーズンなどドライフルーツもよく使います。

紅茶をいれるのに利用する伝統的なサモワール。
ベラルーシでは紅茶と一緒にヴァレーニエというベリーの砂糖煮を食べることも多いそうです。

ロシア

キツネ色に揚がった フレッシュチーズの ロシア風パンケーキ

シルニキ Syrniki

右：シルニキの“シル”はチーズという意味。カッテージチーズをふんだんに使ったゴドノフの「シルニキ（1000円）」には、自家製のフランボワーズソースに生クリーム、季節のフルーツが添えられています。パンケーキというより、さつま揚げのような見た目もユニーク。

左：窓から東京駅を眺めながら、歴代ロシア皇帝が堪能してきた伝統料理の数々を味わえます。

ゴドノフ

東京都千代田区丸の内2-4-1
tel｜03-5224-6558
open｜ランチ11:00〜15:00 ディナー17:00〜23:00
土・日・祝11:00〜23:00

ロシアの食文化で重要なポジションを占めているのが乳製品。サワークリームに似た発酵クリームの「スメタナ」はボルシチやペリメニなどいろいろなレシピに使われますし、ヨーグルトに似た飲料の「ケフィール」も、消化によいので好まれています（コーカサスの人が健康で長生きなのは、ケフィールとワインを毎日飲んでいるからという説もあるほど）。

バターミルクとヨーグルトの中間のような発酵乳「プロストクワーシャ」からつくられるのが「トヴォローク」とよばれるフレッシュチーズ。クワルクやカッテージチーズの仲間で、本来はこのチーズを使ってつくる有名なおやつが「シルニキ」というパンケーキです。

ロシアだけでなく、ウクライナやポーランドなどでも朝食やおやつとしてよく食べられていて、家庭によってレシピに違いがありますが、基本的には小麦粉やタマゴの入った生地にフレッシュチーズを混ぜて、油やバターで焼くのではなく、外側をキツネ色にカリッと揚げるのがポイントです。フルーツやスメタナなどを添えて食べるのが一般的。モスクワに本店があるロシア料理の名店「ゴドノフ」の丸の内店でも、老舗のレシピをそのまま受け継いだシナモン風味のシルニキを味わうことができます。

スウェーデン

コーヒーを飲みながらおしゃべりをするフィーカの文化

カネルブッレ、モロッカーカ
Kanelbulle, Morotskaka

「コーヒーを飲みながら会話を楽しむ」というスウェーデンの習慣フィーカ。そのフィーカのお供として定番なのが「カネルブッレ」ことシナモンロールです。スパイスの香るほんのり甘い生地に、トッピングはパールソッケルというお砂糖の粒のみなので、アイシングが苦手な人も大丈夫。

「フィーカに欠かせない、毎日でも食べたくなるお菓子」が並ぶお店「フィーカファブリーケン」のもうひとつの定番は、シナモン味の生地に、甘酸っぱいクリームチーズのフロスティングが爽やかなキャロットケーキ「モロッカーカ」。天然の甘みのあるニンジンは、砂糖の代わりとして中東やヨーロッパでは中世からお菓子に使われてきました。ニンジンとレーズンがたっぷり入っていて食べごたえのあるモロッカーカは、コーヒーとの相性も抜群。

お店では常時3〜4種類のケーキを焼いていて、夏はルバーブ、秋はりんごなど、旬のフルーツを使った季節のケーキも店頭に並びます。2月には、四旬節にしか食べられないスウェーデンの伝統菓子、カルダモン味のパンにアーモンドクリームとホイップクリームがたっぷり入った「セムラ」も登場するそうです。

フィーカファブリーケン

東京都世田谷区
豪徳寺1-22-3
open | 12:00〜19:00
火水休
online shop | https://fikafabriken.jp/

店名はスウェーデン語で「お茶の時間工場」という意味。
好きなときにコーヒーやお菓子を楽しみながら、誰かと仲良くなるきっかけをつくるのがスウェーデンの「フィーカ」の文化。

右：「現地で食べて初めておいしいと思った」と店主の関口さんが話す、スウェーデンのシナモンロール「カネルブッレ（280円）」。カルダモンも使うのが本場の味。くるりとした形には地方ごとにいろいろな巻き方があり、フィーカファブリーケンで毎朝焼いているのは「ストックホルム巻き」だそうです。

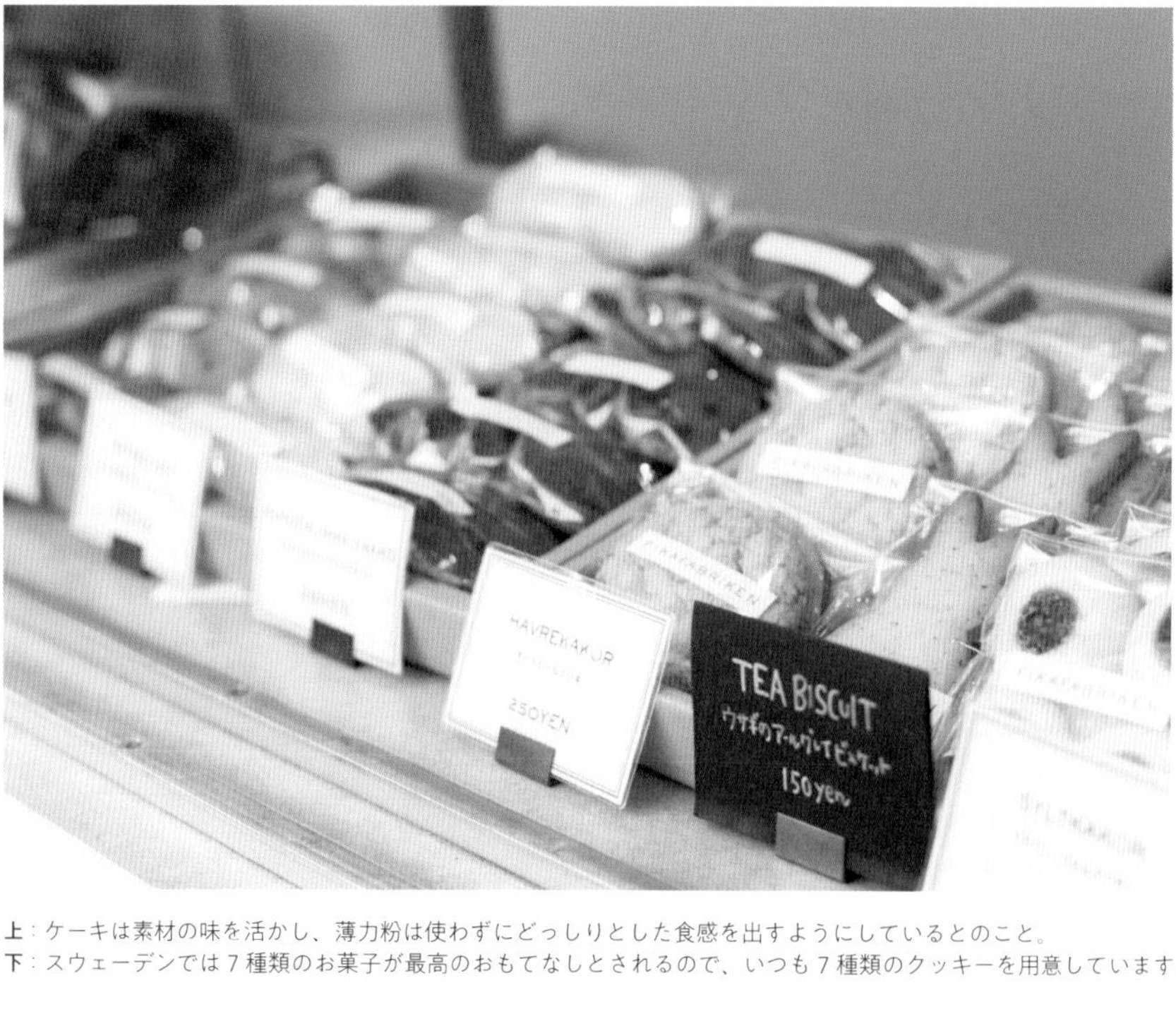

上：ケーキは素材の味を活かし、薄力粉は使わずにどっしりとした食感を出すようにしているとのこと。
下：スウェーデンでは７種類のお菓子が最高のおもてなしとされるので、いつも７種類のクッキーを用意しています。

お店に必ず並ぶ「モロッカーカ(400円)」。キャロットケーキは英国や北米でも人気があり、特に英国では第二次世界大戦時に砂糖が入手しにくくなった際、人気が再燃したという話も。スウェーデンでも昔から人々に親しまれています。

英国

素朴にもスタイリッシュにもなる英国伝統の大人のプディング

トライフル、スティッキートフィープディング、レモンドリズル

Trifle, Sticky Toffee Pudding, Lemon Drizzle

まるでロンドンのソーホーにあるような店構えのガストロパブ。小さなお店ですが広々としたカウンターがあり、ゆったりと落ち着いた雰囲気です。

ビスポーク

東京都中野区東中野1-55-5
tel｜03-5386-0172
open｜18：00～23：00／水日曜休

英国では「プディング」という言葉が「デザート」の総称としても使われています。16世紀頃からオーブンで焼いたプディングが現れ、19世紀には蒸したもの、20世紀には冷たいものが登場しました。

冷たいプディングの一種「トライフル」は、家庭でもよくつくられている定番のおやつ。スポンジにジャムやカスタードなどありあわせのものを重ねていくだけのレシピです。スポンジにはシェリー酒をかけるのが伝統ですが、子どもが食べるならフルーツ缶のシロップを使ってもよいでしょう。スタイリッシュにも素朴にもアレンジできる、英国風の小さなパフェです。

蒸すタイプの「スティッキートフィープディング」は、名前からベタベタ《スティッキー》と甘ったるい味を連想するかもしれませんが、ふんわりした生地はあったかい黒糖の蒸しパンのよう。上にかかった濃厚なキャラメル味のトフィーソースと生クリームが口の中でまじりあい、ほっと心が安らぐデザートで

“とるにたらないもの”という意味の「トライフル（550円）」はあまりものを使って手軽につくることができ、おもてなしのデザートとしてもよく登場します。

心があたたまるデザート「スティッキートフィープディング（550円）」は、寒い日にもぴったりで、店主の野々下さんいわく「失恋に効く味」。

爽やかな香りが人気の「レモンドリズル」(550円)。アイシングにはレモンとドライラベンダーがアクセントに。

す。生地がしっとりしているのはふやかしてピューレにしたデーツが入っているから。中東のイメージのあるデーツですが、英国ではお菓子のレシピによく使われています。

料理に関してなぜかマイナスイメージで語られがちな英国。しかし紅茶と一緒に甘いものを食べるという伝統を長年育んできただけあって、おいしいデザートがたくさん生まれているのです。

「ビスポーク」は店主の野々下さんがひとりですべてをまかなうお店。お料理は調味料からパン、ソーセージまですべて自家製です。メニューは日替わりで、いつもその日の食事にあわせたデザートがひとつ登場します。食後に食べるものだから甘さは控えめにしているので、お酒を飲む人もぜひ味わってみてほしいとのこと。

フランス

甘酸っぱいチェリーが詰まった北バスク発祥の焼き菓子

ガトーバスク、ベレ・バスク

Gâteau basque, Béret basque

お店のロゴにはバスク地方伝統の織物の縞柄が使われています。

メゾン・ダーニ

東京都港区白金1-11-15
tel｜03-5449-6420
open｜7:00～19:00／火休
online shop｜https://mdahni.com/#shop

ピレネー山脈を挟み、フランスとスペインにまたがるバスク地方は独自の文化が色濃く残る地域です。フランスの北バスク地方、保養地ビアリッツにある老舗菓子店「ミルモン」で修行した戸谷さんが、日本にもバスク菓子のおいしさを伝えたいと開いたお店が「メゾン・ダーニ」です。

看板商品の「ガトーバスク」は捕鯨船の携行食が起源といわれています。昔、捕鯨が盛んだったこの地域では、漁師たちのために家族がトウモロコシ粉で日持ちのする簡素なビスケットを焼いていました。17世紀半ばには果物を挟んで焼くようになり、中に特産品の黒さくらんぼのコンフィチュールが入るようになったのは19世紀になってからです。

もうひとつ有名なのがベレー帽をかたどった「ベレバスク」というチョコレートケーキ。ベレー帽もバスク地方が発祥で、民族衣装の帽子をナポレオン3世が「ベレー・バスク」と呼んだことで世界に広まりました。また、スペインが新大陸から持ち帰ったチョコレートがフランスで最初に伝わったのもバスク地方です。フランス王室にチョコレートがもたらされるよりも前に、バスクにはフランス初のチョコレート工場が誕生していたのです。

バターとアーモンドのいい香りが漂うザクザクの生地に、チェリーがごろりといくつも入った「ガトーバスク（500円）」。いくつ食べても飽きない味です。

A

B

C

Béret pistache
ベレ ピスターシュ
¥560
ピスタチオのムースと
ミルクチョコレートのガナッシュ

D

Béret basque
ベレ バスク
¥600
MAISON D'AHNI
Shirokane

E

F

ヨーロッパで初めに大々的な捕鯨を行ったのがバスク人でした。よく見ると店内のあちこちに捕鯨にまつわるものが飾られています。

A：ほろ苦いショコラのクリームが入ったガトーバスク。
B：お酒の効いたカスタードクリームのガトーバスク。スペイン側のバスクはカスタードが主流。
C：たっぷりのバターを使ったサブレブルトンも人気商品。
D：ピスタチオムースとミルクチョコレートのガナッシュの「ベレピスターシュ（560円）」
E：ヘーゼルナッツの風味が香るチョコレートムースの「ベレバスク（600円）」。
F：フルーツを使ったタルトなど、ショーケースには数々の生菓子が並びます。

ガトーバスクは焼き立ての食感を味わってもらうべく、1日に何度も焼き上げています。
また毎日フィナンシェやサブレブルトンなどの焼き菓子も並びます。

スペイン

ふんわりサクサク ラードを使った渦巻き菓子パン

エンサイマーダ、ポルボロン、タルタ・デ・サンティアゴ

Ensaimada, Polvorón, Tarta de Santiago

さっくりとした食感の「エンサイマーダ（210円）は“豚のラードを練りこんだもの”という意味。粉砂糖をふって食べるのが一般的。

マドリードに本店がある「マヨルカ」の日本１号店では、焼き立てのエンサイマーダをはじめ、多彩なスペインの食文化を楽しむことができます。

マヨルカ

東京都世田谷区玉川1-14-1
二子玉川ライズS.C. テラスマーケット 2F
tel | 03-6432-7220
open | 9：00 ～ 21：00（売り場）、～ 23：00（カフェ）／無休
online shop | https://mallorca.shop-pro.jp/

地中海に浮かぶスペイン領のマヨルカ島は、ショパンが恋人ジョルジュ・サンドと滞在していた美しい島で、現在はスペイン王室が夏の休暇を過ごす場所として知られています。

島の伝統的なお菓子が「エンサイマーダ」。見た目はどう見てもパンですが、ふんわりサクサクしていて、噛むごとにじゅわっと脂が染み出すという不思議な食感。その秘密は、生地に豚のラードを使っていることにあります。昔からマヨルカ島では豚が貴重なたんぱく源で、無駄なく使うという食文化があり、料理や菓子にラードを用いていました。くるくると巻いた形は、大昔に島を支配していたムーア人のターバンからきているのではないかという説があります。

スペイン本土の伝統のお菓子は、粉糖で聖ヤコブ十字架の模様をつけた「タルタ・デ・サンティアゴ」に口の中でほろりと崩れる「ポルボロン」、ヌガーに似た「トゥ

ロン」など、修道院菓子もアラブの影響を受けたお菓子も、どちらも材料にアーモンドがよく使われています。

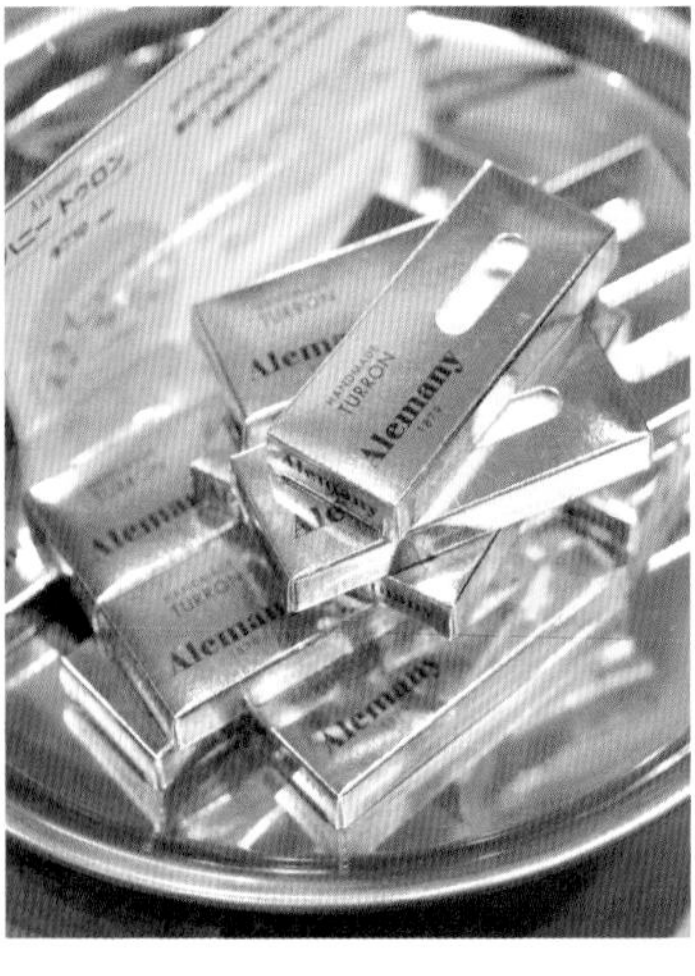

上：アーモンド粉でつくる「タルタ・デ・サンティアゴ（450円）」は、キリスト教の巡礼地サンティアゴ・デ・コンポステーラの修道院発祥。
左：「トゥロン（750円）」はアーモンドにハチミツなどを練り合わせて卵白で固めたサクっと香ばしいお菓子。
※トゥロンは輸入品のため、取り扱いがない場合もあります。

アーモンド風味の「ポルボロン（単品180円）」はアンダルシア生まれ。口の中で溶けてなくなる前に3回「ポルボロン」と唱えることができれば幸せになれるという言い伝えがあります。

スペイン

サンセバスチャンの老舗バルで生まれた新しい伝統となるチーズケーキ

バスクチーズケーキ

Tarta de queso vasco

ずらりと並んだ焼き立てのチーズケーキ。木の棚にはケーキの大きさに丸い穴がいくつも開いていて、生地の蒸気を逃がす仕組みになっています。

ガスタ

東京都港区白金1-14-10
tel｜03-3440-7495
open｜9：00～19：00／月休
online shop｜http://gazta.jp/

上：製鉄業や漁業がさかんな土地柄だったことが、お店の外観やディスプレイにも反映されています。
下：バスクの塩、大人の味わいの黒コショウ入りキャラメルソース、さっぱりとしたメープルシロップ、トッピングで違った風味も楽しめます。

スペイン・バスク地方に広く伝わる焼き菓子だと思われている「バスクチーズケーキ」ですが、じつはこれはバスク地方サンセバスチャンにある有名なバル「ラ・ヴィーニャ」の看板メニューです。創業1958年から代々家族で経営されてきたこのバルでは、厨房に入れるのも家族と親類のみ。チーズケーキのレシピは外に出ることなく長年守られてきました。「はじめて食べたときに震えるほどおいしかった」というそのケーキに深く惚れ込んだメゾン・ダーニのパティシエが何度もバルに働きかけ、ようやく厨房に入ることを許されて門外不出のレシピを直々に伝授されたのです。

　そのレシピを忠実に再現しているお店が「ガスタ」です。店名はバスク語で〝チーズ〟という意味。かなりゆるい生地をオーブンで焼くとスフレのようにふくらみ、これを冷ましてできあがり。こんがりと焼き色のついたケーキはねっとりと濃厚で甘いのですが、現地のバルでは塩をふって、お酒のアテにして食べる人もいるそうです。

　地元の人々に愛されてきたバルのデザートが「バスクチーズケーキ」として世界にも広く定着しつつあり、新たな伝統菓子となりそうです。

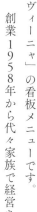

上：賞味期限は要冷蔵で３日間、チーズの風味を堪能するには、食べる10～15分前に冷蔵庫から出して常温に戻しておくとよいそうです。
下：オーブンから出した直後にふんわりとふくらんだケーキ。木の板の上に並べて余熱を入れながら生地が落ち着くまで冷ましていきます。

イタリア

シチリアの伝統的なドルチェの数々

カンノーロ、トルタ・ディ・マンドルラ

Cannolo, Torta di mandorla

日本ではなかなか出会えない、心の底からおいしいカンノーロが食べられるのがニーノカフェ。14年前にオープンしたシチリア料理のレストラン「リストランテ・ダ・ニーノ」のシェフ、ニーノさんがお客さんのリクエストに応えてオープンしたカフェで、ドルチェから軽食まで本格的なレストランの味を手づくりで提供しています。

カンノーロ（カンノーリという言い方は複数形）は、中に詰めるリコッタシチリアーナが味の決め手。軽さの中にさっぱりしたリコッタチーズの風味がしっかり感じられます。注文を受けてから、一つずつスコルツァと呼ばれるシェルにリコッタを詰めています。持ち帰りもできますが、スコルツァが湿気てせっかくのパリパリ感が失われてしまうので、できれば3時間以内に食べてほしいとのこと。

シチリアといえば、古代からアーモンドが生産されているため、アーモンドペーストを使った伝統菓子もたくさんあります。シェフが子どもの頃から大好きだったというトルタ・ディ・マンドルラは、ほどよい甘さでふんわりとやさしい味のアーモンドケーキです。

シチリア料理「リストランテ・ダ・ニーノ」のシェフ、ニーノさんによるイタリアのカフェ。毎朝生地からつくるパニーニ、ジェラートやケーキ、ビスコッティなどの伝統的なドルチェなど、すべてのメニューをニーノさんが手がけています。

ニーノカフェ

東京都港区南青山1-25-1

tel｜03-3423-5286

open｜9:00～22:00／日曜休

一番人気の「カンノーロ（700円）」。市販のスコルツァ（シェル）を使うお店も多いなか、こちらは自家製。湿気ないように内側にチョコレートを塗っているタイプもあるけれど「塗ってないほうがおいしい」とニーノさん。カンノーロは同じシチリアでも北と南では形も違うし、リコッタにオレンジなどの果物の砂糖づけを混ぜるなど、さまざまなバリエーションがあります。

ケーキはその日によって並ぶものが変わりますが、いつも17種類くらい用意しています。夏はジェラートやグラニータ、冬はモンテビアンコやお酒を使ったババなどが定番です。

CIOCCOLATO CON GIANDUJA & PISTACCHIO
¥770
BACI DI DAMA
¥250
バーチディダーマ
TORTA DI PISTACCHIO
¥700
ピスタチオのケーキ
TORTA DI FICHI E NOCI
¥700
BIGNÈ
¥500
シュークリーム
TIRAMISÙ AL PISTACCHIO
¥900
ピスタチオのティラミス
BIANCO MANGIARE
¥700
TIRAMISÙ
¥700
ティラミス
CREMA BRUCIATA
¥700
クレームブリュレ

上：マスカルポーネチーズにピスタチオをあわせた淡いエメラルド色のクリームが美しい「ピスタチオのティラミス（900円）」は、とろけるようなおいしさ。ピスタチオは、世界的にも有名なシチリアのブロンテ産を使用しています。
下：「トルタ・ディ・マンドルラ（700円）」は、シチリア産アーモンドを使ったやわらかい生地でカスタードクリームを包んで焼き上げたケーキ。アーモンドやピスタチオはシチリアの特産品で、甘く香りがよく濃厚な味に定評があり、昔から船でイタリアの各都市へと運ばれていました。

ビスコッティやチョコレートの種類も豊富。バーチ・ディ・ダーマ（右上）やカッサータ（右下）など定番のドルチェのほか、トリュフの味のチョコ（左上）やサボテンのジャムが入ったイチジクのビスコッティ（左下）などめずらしいものも。

カンノーロのパリパリしたスコルツァもお店の手づくりです。カンノーロの歴史は古く、アラブのお菓子の影響がみられるため、ムスリムがシチリアを征服していた時代に生まれたと考えられています。昔のシチリアでは、スコルツァを筒状に巻くのに乾燥させたさとうきびの茎を使っていたそうです。

イタリア

トスカーナ地方に伝わるメディチ家の結婚式でも供されたワッフル

チャルダ Cialda

オーガニックのきび砂糖を使用したプレーン（Sサイズ190円）と、グラナ・パダーノなど複数のチーズを生地に練り込んだチーズ味（Sサイズ190円）の2種類があります。
ギフト用のセットもあり、日本でも結婚式やお祝いごと、手土産などに喜ばれています。

軽くてサクサクした「チャルダ」はイタリアのトスカーナ地方に古くから伝わるワッフルのようなお菓子です。

ワッフルのルーツは、カトリック教会のミサで使われるホスチアと呼ばれるパンで、古代の宣教師は長い柄の焼型でホスチアを焼いていました。中世になると宗教儀式に関係なく食べられるようになり、祝い菓子としても用いられるようになります。

チャルダもその一種で、トスカーナでは縁起菓子として愛されてきました。フィレンツェのメディチ家が結婚式の引き出物として参列者にふるまったという記録も残っています。２枚の焼型にそれぞれの家紋を刻み、ぴったり挟んで焼くことで、両家の結びつきがより固くなるという願いが込められたのでしょう。

今ではフィレンツェあたりでは家庭で焼くことが多いようですが、日本では「ラ・チャルダ」で食べることができます。現地と同様に一枚ずつ丁寧に手焼きをしているため、一度にたくさんつくることはできず、また焦げないように焼くにも熟練の技がいるとのこと。パリパリの食感を保つために、日本の気候にあわせた独自の製造工程で仕上げています。見た目にも美しい模様をした、素朴でおいしいお菓子です。

２枚の鉄の型に生地を流し入れて挟んで焼き上げます。オリジナルのレシピのチャルダは、シンプルなだけに素材にもこだわっています。

ラ・チャルダ

東京都目黒区自由が丘1-25-9
自由が丘テラス1F
tel | 03-5726-9622
open | 11:00～18:00／月火水休
online shop | https://www.cialda.jp/

修道院のお菓子が買えるお店

サンパオリーノ

昔ながらの手法で
祈りを込めてつくられた
かけがえのないお菓子

A
C
G
B
E
D

A:「モデラット ラムレーズン（250円）」伊達カルメル会イエズスの聖テレジア修道院／B:「マカロン（280円）」安心院の聖母トラピスチヌ修道院／C:「ガレット（3個入り525円）」西宮の聖母トラピスチヌ修道院／D:「ガレット（2個入り108円）」那須の聖母トラピスチヌ修道院／E:「ポルボロン（320円）」安心院の聖母トラピスチヌ修道院／F:「トラピスト　チョコレートミルク（451円）」イタリアローマ、フラットッキエ修道院／G:「モデラット ココア（250円）」伊達カルメル会　イエズスの聖テレジア修道院

聖パウロ修道会が運営する「サンパオリーノ」はキリスト教の修道院でつくられた食品や雑貨などを集めたセレクトショップ。

　西洋のお菓子のルーツをたどると修道院発祥のものがたくさんあります。中世ヨーロッパでは、お菓子は高貴な人や特別な儀式・祝祭日のためのもので、貴族の家や修道院でつくられていました。修道院はたいてい裕福だったので卵などの材料も豊富で、蠟燭用の蜜蠟を取るために養蜂も行われており、甘味に欠かせないハチミツも手に入りました。やがては異国から香辛料や砂糖、カカオなども入ってくるようになります。

　かつては贈り物として献上されるか、レープクーヘンのように巡礼の記念品として配られることが多かった修道院のお菓子ですが、16世紀には慈善事業の資金のために販売されることもあったようです。時代とともに修道院菓子のレシピは一般にも広まっていきました。

　現在でも修道院では昔ながらのお菓子がつくられていて、日本各地にもそうした修道院が存在します。東京の四谷にある「サンパオリーノ」では、日本や海外の修道院

最近ではお客さんから「昔食べたことのあるこんなお菓子はありませんか？」と聞かれて、リクエストを修道院に伝えて復刻されるお菓子もあるそうです。

サンパオリーノ

東京都新宿区四谷1-11-19 悠STANZA四谷ビル
tel｜03-3357-6495
open｜10:00〜18:00／日祝休
online shop｜https://www.sanpaolino.jp/

からやってきたほんのり甘い素朴なお菓子の数々を購入することができます。デザインがすてきなパッケージも多くて選ぶのに迷ってしまいますが、どれも大切に味わいたいものばかりです。

「厳律シトー会」に属する男子修道院「灯台の聖母トラピスト修道院」と「お告げの聖母大分トラピスト修道院」の修道士たちが祈りを込めて焼きあげた手づくりのクッキー。

Column

日本にやってきた西洋のお菓子

17世紀の南蛮船渡来図（部分）
アムステルダム美術館蔵

お菓子のルーツを調べると、長い歴史を通じてさまざまな国のお菓子が世界中を旅してきたことがわかります。元々はスペインのお菓子だったのがかつての植民地フィリピンの郷土菓子となったエンサイマーダ（P66）のように、宗主国から植民地に伝わったものもあれば、移民が持ち込んだお菓子や交易によってもたらされたお菓子もあります。

日本には奈良時代に中国から唐菓子が伝わり、16世紀半ば以降に南蛮船がポルトガル菓子を運んできました。ポルトガル菓子はカステラやぼうろ、鶏卵素麺、一六タルト、有平糖や金平糖といった「南蛮菓子」として独自に進化していきました。南蛮船で来航した宣教師たちも甘いお菓子を大いに利用して布教活動を行っていたようで、当時の人々は見たこともない珍しいお菓子にさぞ心惹かれたことでしょう。

面白いのはポルトガルのクリスマスの揚げ菓子「フィリョーシュ」。日本でも最初は揚げた餅米を蜜に浸し、金平糖を乗せたお菓子だったらしいのですが、キリシタン弾圧が激しくなった頃になぜか「飛竜頭《がんもどき》」に変化したと言われています。

またマルメロのジャム「マルメラーダ」も長崎から熊本に渡って幕府への献上品になり、現在でも「加《か》勢以多《せいた》」という薄切りのジャムの餡を最中の皮で挟んだ和菓子として復元されています。ちなみにマルメラーダは南米ではグアバペースト（P98）に進化したのですが、ポルトガルの植民地だったインドのゴアでも「ペラド（グアバチーズ）」というほぼ同じものが存在します。確かに赤く着色していないと見た目がチーズにそっくり。南米、インド、日本とまったく異なる地域に、まるで違うようでいて先祖は一緒、というお菓子があるのも興味深いです。

明治時代になると、ウエファーが日本に伝わりました。イタリアのチャルダ（P80）のように鉄板で挟んで焼くタイプのワッフルは、チェコのカルロヴィ・ヴァリをはじめとする温泉地の名物になっています。これが「カルルス煎餅」として日本にやってきて、温泉地の炭酸せんべいやクリームを挟んだゴーフルになったのです。炭酸せんべいと中世のウエファーが元をたどれば同じ仲間というのも不思議な気がします。

第2章

北南米のおやつ

アメリカ

東海岸の家庭に伝わる懐かしくてしあわせな味

アップルソーススパイスケーキ、チーズケーキ

Apple Sauce Spice Cake, Cheese Cake

アメリカのおやつには、ポップコーンやチューインガムのように先住民の食文化から生まれたものと、移民の母国にルーツがあるものがあります。手に入る材料で何でも自分でつくるという開拓時代の精神から、お菓子もホームメイドが主流。家庭でパイやケーキを焼くという習慣が根づいたのは19世紀に料理用ストーブが普及したのがきっかけです。

そんなアメリカのケーキはレシピに独自の工夫があって、簡単につくることができること、そして何より大きいことが特徴です。

アメリカの街中にある小さなケーキ屋さんといった佇まいのカイルズは、オープン以来、地元の人たちから長く愛されてきました。「手作りの素朴な味を楽しんでほしい」と話す店主のカイルさん。つねづね「日本のケーキは小さい！」とも感じているそうで、当然サイズはアメリカサイズ。

常時4〜5種類のケーキを焼いていますが、パイが並ぶのは土曜日のみ。食べたいものがあれば、前日までに注文してくれたらひと切れからでもつくるとのこと。アメリカのケーキなら、さぞ甘いかなと思いきや、どれもスパイスがたっぷり効いていて、意外とあっさり食べられます。

上：「アップルソーススパイスケーキ（340円）」は、アップルソースがたくさん手に入ったときに考え出したというカイルさんのオリジナルレシピ。
下：「チーズケーキ（340円）」はカイルさんの家に伝わる東海岸風のレシピ。どのケーキもアメリカの味を知ってほしいので、日本向けのアレンジはしていません。

写真家を目指して勉強中に、日本に興味をもって来日したカイルさん。趣味ではじめたケーキのケータリングが好評で、ケーキ屋をはじめることに。

カイルズ・グッド・ファインズ

東京都中野区新井2-7-10
tel | 03-3385-8993
open | 10：00〜18：00／日曜休
online shop | https://kylesgoodfinds.net/

アメリカ

フランスから伝わった クレオール名物のドーナツ

ベニエ Beignet

映画『シェフ 三ツ星フードトラック始めました』に登場するベニエ（800円）やキューバンサンドが食べたくて訪れるお客さんも多いそうです。

フランス植民地だったルイジアナ州では、フランスやスペイン、カリブなどの文化が混じり合ってクレオールやケイジャンといった独特な食文化が発達しました。有名な四角いドーナツ「ベニエ」は、フランスで古くから食べられている揚げたペストリーがルーツ。

　キリスト教の国々ではカーニバル（謝肉祭）の期間にドーナツや揚げ菓子を食べる習慣があるのですが、フランスではマルディグラ（告解の火曜日）に丸い形のベニエを食べます。これが18世紀に移民によってルイジアナに伝わりました。形が丸から四角に変化したルイジアナのベニエは、粉砂糖をたっぷりふりかけるのが定番。19世紀半ばにはコーヒーのお供として大人気となり、1986年にはついにルイジアナ州公式ドーナツに選ばれました。

　そのベニエを日本で食べることができるのが、ニューヨークに本店があるキューバンレストラン「カフェハバナ」です。パイナップルやココナッツが入ったピニャコラーダクリームが添えられているのは、このお店のオリジナル。大きさも食べやすいサイズなので、あっという間に平らげちゃうはずです。

キューバからの移民も多いニューヨーク、ノリータ地区で長年愛されてきた人気のダイナー。陽気で明るい雰囲気の東京店。

カフェハバナトウキョウ

東京都渋谷区猿楽町2-11 氷川ビル 1F
tel｜03-3464-1887
open｜11:30～23:00／定休日なし

メキシコ

メキシコ国民に愛されている濃厚でねっとりした硬いプリン

フラン Flan

テビートの「フラン（500円）」は甘さ控えめ。

ライブ演奏も行われるアットホームな店内。

メキシコを代表するお菓子といえば、いちばんに名前が挙がるのが「フラン」。カスタードプリンの一種です。プリンの原型となるレシピは古代ローマから存在していて、それが時代とともに変化しつつヨーロッパを経由して中南米に伝わりました。フランは中南米の他の国々でも好まれていますが、なぜかメキシコではとりわけ人気が高く、しかも硬いところがポイント。

「まるで羊羹かな？　と思うくらい硬いものもあるのよね」と笑いながら教えてくれたのは、本格メキシコ料理レストラン「テピート」のオーナーシェフ滝沢さん。メキシコのフランはクリームチーズが入ったしっかりとしたタイプ。なめらかであることにこだわる日本のプリンと違って、どこで食べても必ず〝す〟が入っているのもメキシコらしいと言います。

　冷やして食べるのが一般的だけど、じつはできたての温かいものもとてもおいしいので、チャンスがあったら、ぜひできたても食べてほしい。黒糖やシナモンと一緒に煮出すメキシカンコーヒーのカフェ・デ・オジャと一緒にどうぞ。

お店の名前は、滝沢さんの夫で世界的に活躍したメキシコのミュージシャン、故チューチョ・デ・メヒコ氏がくらしたメキシコシティのテピート地区にちなんでいます。滝沢さんと旦那さんの馴れ初めのお話も面白い。
テキーラは100種類以上用意しており、またお料理には自家製のラードをはじめ、安心して食べられる食材を使っています。

テピート

東京都世田谷区北沢3-19-9
tel｜03-3460-1077
open｜18：00〜22：30／月火休

ペルー

もちもちした不思議な食感のドーナッツは甘酸っぱいシロップが決め手

ピカロネス Picarones

古代からの先住民の食文化にさまざまな移民の文化が融合し、独特な郷土料理が生まれた国ペルー。日本では珍しいペルー料理のシェフ荒井さんに、ペルーのお菓子について伺いました。

「ほかの南米諸国とも共通するところが多いのですが、修道院のマジパン系のお菓子やクグロフ、イナゴマメのシロップやスパイスを使う点など、中東やヨーロッパの影響を大きく感じます。

インカ帝国からあった紫色のトウモロコ

荒井商店

東京都港区新橋5-32-4 江成ビル 1F
tel | 03-3432-0368
open | 11:30～14:30（ランチ） 18:00～22:00
日曜休

世界一の美食の国ペルー。現地で修行を積んだ荒井隆宏シェフによるペルーの郷土料理が味わえるお店です。

「ピカロネス（690円）」は屋台でもよく見かける定番スイーツ。甘酸っぱいジャムのようなシロップの秘密は、スパイスと一緒に煮出したイチジクの葉。葉っぱからこんなによい香りが出るなんてびっくり。

シを使うマサモラ・モラーダという温かいブラマンジェのようなデザートやお米のプディングなど、消化のよいデザートも好まれていますね。チリモヤやパパイヤをはじめ、アマゾンは果物の種類も非常に豊富なので、ジュースにしたり、加工して食べたりします」

おいしいもの天国のようなペルーですが、荒井商店でも食べられるピカロネスはカボチャとサツマイモのニョッキのような、もちもちした不思議な食感のドーナツ。爽やかな風味の黒糖のシロップには秘密の隠し味が使われています。

フレンチのシェフだった荒井さんはペルー料理の奥深さに惹かれ、実際に現地のレストランで働きながらペルー各地の郷土料理を学んできました。最初は教会の孤児院で子どもたちに食事をつくる仕事をしていて、これもかけがえのない経験となっているそうです。

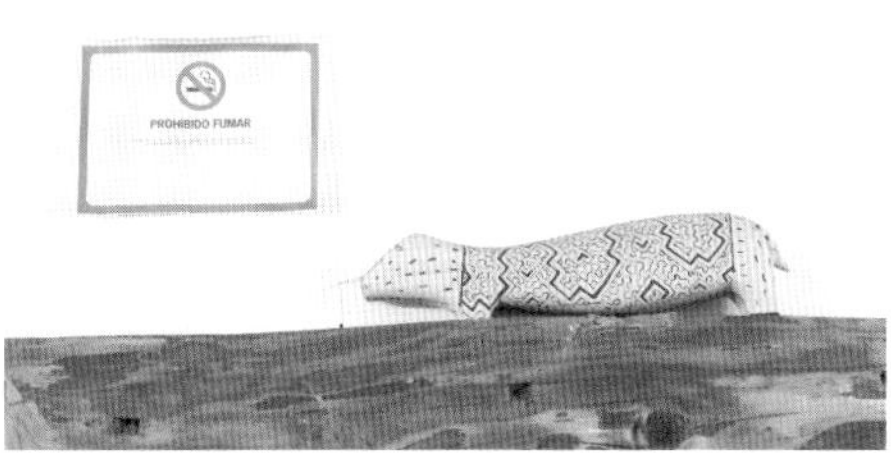

南米のお菓子が買えるお店

キョウダイマーケット

ヨーロッパから伝わり各地に根づいた ラテンアメリカの伝統菓子

オフィスビルにある中南米スーパー。クリスマス前には店頭に「パネトーネ」が山積みになります。
大量に購入する人が多いので「12 個買うと 30% 割引」というサービスも。毎年 12000 個ほど売れるそうです。

南米にはヨーロッパの移民がもたらした伝統菓子が数多くあります。どの国でも人気絶大なのは、「ドゥルセ・デ・レチェ」と呼ばれる甘いミルクジャム。歴史家によると、インドネシアのお菓子が16世紀頃フィリピンからスペイン経由で伝わったようです。そのまま食べてもいいし、クッキーに挟んでココナッツをまぶした「アルファホール（アルファホーレスは複数形）」もおいしい。南米の人たちはココナッツも大好きで、果実やココナッツミルクはお菓子だけでなく料理にも使われます。

甘酸っぱい「グアバペースト」は、ポルトガルの「マルメラーダ（マルメロジャム）」が伝わり、マルメロの代わりにグアバを使ったのがはじまり。羊羹に似た食感で、フレッシュチーズと一緒に食べることが多いようです。

ミラノの伝統菓子「パネットーネ」もペルーやブラジルにすっかり定着しました。ペルーではバターを塗ってスパイス入り

各国の「ドゥルセ・デ・レチェ（530円〜）」が瓶詰めから写真の一口サイズ（100円）までずらりとそろいます。ドゥルセ・デ・レチェは「カヘータ」や「マンハルブランコ」など国によって名称が異なります。

キョウダイマーケット

東京都品川区東五反田1-13-12
いちご五反田ビル 6F
tel｜03-3280-1035
open｜月〜金9:10〜19:00
土日 10:00〜18:00／祝休
online shop｜https://www.kyodaimarket.com/

ほろっとした食感のクッキーでドゥルセ・デ・レチェを挟んだ「アルファホール（310円）」。

「パネトン」とも呼ばれる「パネトーネ（1180円〜）」は、ドライフルーツが入った甘い菓子パン。日持ちがするので、少しずつ切り分けて食べます。

ホットチョコレートと一緒に味わうのがクリスマスの習慣になりました。

ラテンアメリカの食材を扱う「キョウダイマーケット」では、こうしたお菓子のほかに、ブラジルの国民的ピーナッツ菓子「パソキッタ」や「タピオカビスケット」など珍らしくておいしいものがたくさん見つかります。

口の中でほろほろくずれて溶ける「パソキッタ（ミニ 390円）」は、ピーナッツの粉に砂糖と塩少々を混ぜて固めたお菓子。先住民がキャッサバの粉でつくっていたレシピを、ポルトガルの入植者がお菓子に応用したのがはじまり。

プラタノという青いバナナは料理用。揚げ物や煮物にするなど、調理法はさまざま。お芋のような使い方をします。

スペインやポルトガル発祥の「エンパナーダ（296円）」はラテンアメリカ各国の伝統料理になりました。チキンやチーズなどの具を包んださくさくのパイで、店頭では熱々のエンパナーダも食べられます。

タピオカ粉を使ったスナック「タピオカビスケットリング（420円）」。最初はあまり味がしないように感じるのに、一度食べたら止まらなくなります。乳幼児用のソフトせんべいに近い味。

上：ブラジルで「ロミオとジュリエット」とよばれるデザートは、グアバペーストに「ミナスチーズ」というフレッシュチーズの組み合わせ。コロンビアも同じ食べ方をします。ちなみにルーツとなったマルメラーダも、ポルトガルではフレッシュチーズと合わせて食べる人が多いようです。 **下**：缶詰やパックの「グアバペースト（298円～）」がずらりと並ぶ棚。ブラジルでは「ゴイアバーダ」コロンビアでは「ボカディージョ」と呼ばれています。

Column

ヌガーの仲間いろいろ

歯にくっつくからと敬遠されがちなお菓子「ヌガー」。ところが実際には、サクサクしたものやふわっとしたもの、カリッとした歯ごたえのものなど、いろいろなタイプがあって、すべてのヌガーが歯にくっつくわけではありません。

　そのことを初めて実感したのが香港土産でもらった「多多餅店」のヌガーを食べたとき。ベタベタしていないどころかあまりにもおいしくて驚きました。ヌガーは西洋のお菓子のイメージですが、香港や台湾でも人気があり、さまざまなバリエーションのヌガーが売られています。

　スペインやラテンアメリカではトゥロン、イタリアではトッローネとも呼ばれるヌガーの歴史は大変古く、古代ギリシャやローマにも似た食べ物があったといいます。ナッツやハチミツが使われていることからアラブ起源説もあり、ハルヴァの仲間と考えられています。ねちゃっとしたタイプを思い浮かべてしまうと、ハルヴァとは全然違うように思うのですが、スペインのやわらかいタイプのトゥロンはペースト状のアーモンドが主な材料なので、たしかにそれならゴマや穀物のペーストが主原料のハルヴァと似ています。

　これまで食べたなかで、いちばんふんわりした食感だったのは、ギャズと呼ばれるイランのヌガー。小伝馬町にあるイラン食材店「ダルビッシュショップ」の店主、ハサンおじさんに「ハルヴァはあちこちの国にあるけどギャズはイランにしかない、エスファハーン生まれの伝統銘菓だよ」と薦められたものです。見た目はヌガーなのですが、バラの香りがして、食感はふわふわでとてもおいしい。本来はギャズと呼ばれる樹液が材料に使われていました。イランの特産品であるピスタチオが入っていて、たくさん入っているほど高級品（したがってギャズのパッケージにはピスタチオのパーセンテージが書いてあります）。お茶請けとしても食べられていますが、ノウルーズ（新年）になると美しいパッケージのものが贈り物用としてお店にたくさん並ぶのだそうです。

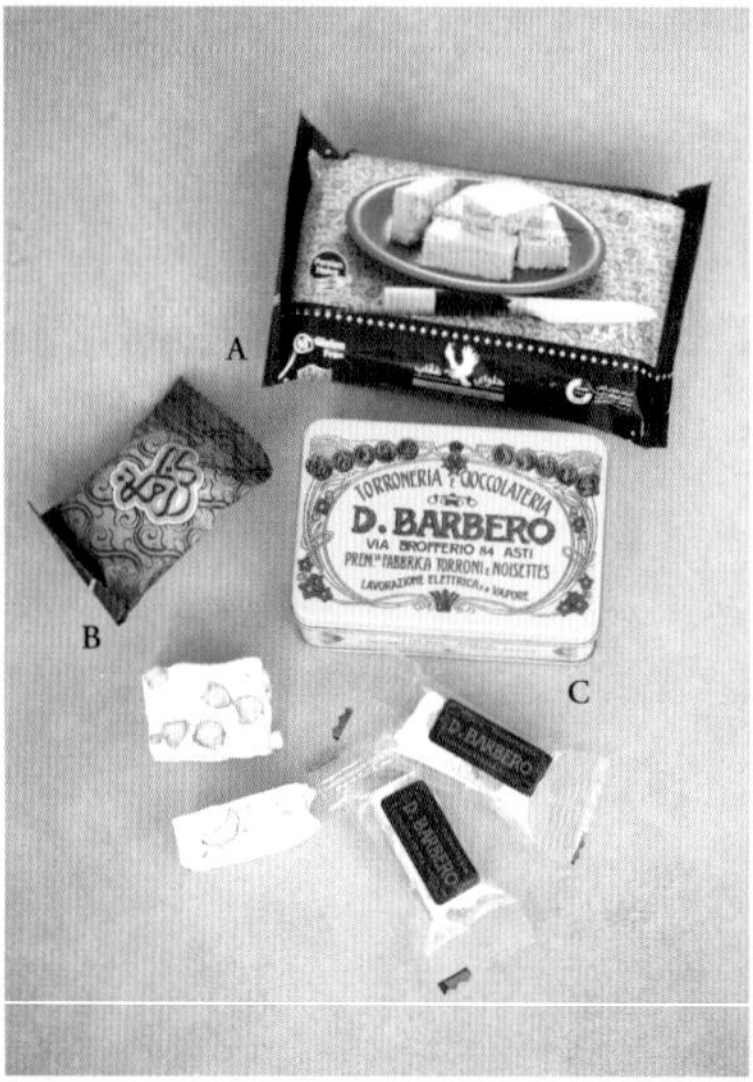

A：イランの人も大好きなハルヴァ。イランでは朝ごはんにパンに挟んで食べたりするらしい。
B：イランのギャズは卵白にローズウォーターやハチミツなどを混ぜてつくります。
C：イタリア、ピエモンテ州のトロンチーノはヘーゼルナッツ入りのカリッとしたハードタイプ。

第3章
中東のおやつ

モロッコ

オレンジフラワーウォーターとシナモンで香りづけしたパリパリ揚げ菓子

シガー、アボカドジュース

Cigar, Avocado Juice

甘いものが大好きな中東の人々。北アフリカにあるモロッコも例外ではなく、ふだんからクッキーなどの焼菓子やケーキ類がよく食べられていますが、ラマダーンや犠牲祭になると各家庭で気合いを入れてご馳走や伝統菓子を準備します（日本のおせちづくりに似てますね）。

ラマダーンでは日没になるとまずハリラというスープを飲み、デーツを食べてから、いつもよりも贅沢な食事をたっぷりとります。こうした特別なときに食べるもののひとつが、その形から「シガー」という名が付いた揚げ菓子です。

アーモンドの甘い餡を、ワルカという薄い生地で巻いて油で揚げ、ハチミツとゴマで仕上げます。パリパリした歯ごたえの甘いお菓子にあわせて飲むのは、ミントの葉とお砂糖をたっぷり入れたミントティーです。

モロッコでは果物が豊富に採れるので、そのまま食べるのはもちろん、ジュースにして飲むこともよくあります。中でもアボカドジュースはさっぱりしたシェイクのようで人気があります。モロッコではこれをジョッキで飲む人も多いとのこと。なぜかアボカドは料理に使われることはなく、ジュースやパフェにして食べるそうです。

モロッコに住んで料理を勉強した店主の小川歩美さんが2009 年に開いた、タジンやクスクスが名物のお店。

エンリケマルエコス

東京都世田谷区北沢3-1-15
tel｜03-3467-1106
open｜火～金18:00～22:00
土・日17:30～21:30／月休

シナモンとオレンジフラワーウォーターで風味をつけた「シガー（600円）」。お菓子によく使われるオレンジフラワーウォーターは、他国におけるバニラエッセンスのような位置づけです。日本と違って気候が乾燥している現地では、こうしたお菓子をパリパリの状態で１か月は保存できるので、ラマダーンのときには大量につくり置きをするそうです。

「アボカドジュース（600円）」は牛乳とアボカド、グラニュー糖のみの濃厚な味。クリーミーでおいしい。全般的に現地のお菓子は日本で食べると甘みが強すぎるので、砂糖の量だけは減らしているとのこと。

モロッコの国民的な飲み物であるミントティーは、19 世紀半ばにイギリスの茶商会から中国緑茶が伝わって普及しました。フレッシュなミントの葉をたっぷり使った熱いお茶をシルバーのポットからグラスに注いで飲むのが一般的です。お茶にはお砂糖をたっぷり入れますが、甘さと爽やかなミントの香りが、暑くて乾燥した気候には適しています。

中東

デーツと中東の焼菓子とともにアラビアのコーヒータイム

マモール、アラビックコーヒー

Ma'amoul, Dallah Qafwa

伝統のイエメンモカコーヒーを中心に中東諸国のコーヒーやお菓子を味わえるカフェ。路地の奥にある小さな温室のような居心地のよい空間で、芳醇な香りのアラビア風コーヒーを楽しめます。

mocha coffee

東京都渋谷区猿楽町25-1
tel｜03-6427-8285
open｜火～金13:00～19:00（18:00 LO）／月休
online shop｜http://www.mochacoffee.jp/

「コーヒー」という言葉の由来はアラビア語の「カフワ」。オスマン帝国を経由してヨーロッパに広まったコーヒー豆ですが、17世紀にイエメンのモカ港から出荷されていたことから、イエメン産の豆は〝モカ〟と呼ばれるようになりました。

　中東ではコーヒー文化が生活に密着しています。中東特有の「アラビックコーヒー」とは、やや浅めの焙煎の豆をカルダモンやサフランと一緒に煮出して飲むというもの。国ごとにスパイスの配合は変わり、サウジアラビアではまるで漢方のような味。大きなくちばしの注ぎ口をしたポットに入れ、お猪口《ちょこ》のようなカップで飲みます。イエメンではコーヒーは輸出用であまり家では飲まないかわりに「ギシュル」というコーヒー豆の殻を煮出したお茶をよく飲むそうです。

　コーヒーにはお砂糖を入れず、デーツやお菓子などの甘味を添えます。イチジクやデーツの餡が入ったスパイスクッキー「マ

アラビックコーヒー（2名より2200円）と中東菓子セット（Sサイズ700円、Mサイズ1500円）。煮出したコーヒーは「ダラー」と呼ばれる特徴的なデザインのポットに入れてサーブします。

モール」や麺のようなカダイフを使ったお菓子、バクラヴァなど、どれもサクッとしておいしいのですが、なかでもひよこ豆の粉を使った「ノコッチ」というお菓子は落雁にそっくり。ほろほろと崩れて口の中で溶けていく、素朴で飽きない味です。

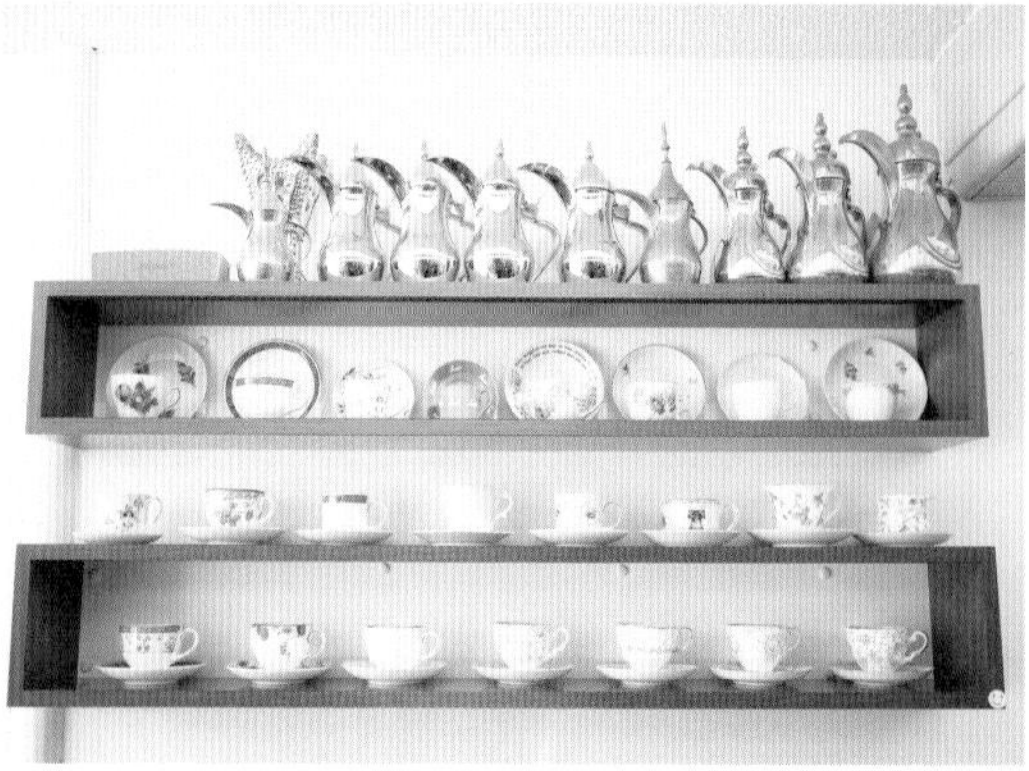

ずらっと並ぶアラブのコーヒーポットは大きさやデザインもさまざま。ハンドドリップ式でいれたコーヒーやアラビックミルクティーなどはカップ＆ソーサーでサービスしています。

右：コーヒーによく合う英国風の手づくりケーキや、ラクダのミルクやハルヴァなど中東の素材を使ったケーキもあります。
上：お店のロゴを手がけたアラビア書道家本田孝一氏の書が飾られた店内。祖国の味を懐かしんで訪れるお客さんも多いそうです。

A

B

C

D

A, B：中近東では非常にポピュラーな「マモール（マームール）」は、中にデーツやイチジク、ナッツなどの餡が入ったサクサクしたクッキー。日常のコーヒーのお供としてだけでなく、宗教を問わず祭事のときにも家庭でよくつくられています。
C：詰め物をしたデーツは高級菓子。クルミやピスタチオ、柑橘類の砂糖漬けなど、中に詰めるものもさまざまです。
D：カダイフと呼ばれる糸のような生地やパイ生地を使って、ピスタチオなどのナッツを包んだ一口サイズのお菓子。

産地ごとに特徴のあるイエメンの個性的なコーヒー。
お店ではドリップ用の豆の販売もしています。

トルコ

オスマン帝国が誇るトルコ菓子の王様とミルクプディング

バクラヴァ、カザンディビ

Baklava, Kazandibi

ユルディズ トルコレストラン

東京都大田区蒲田5-18-3 太陽ビル201
tel | 03-6424-9797
open | 11:30～15:00・17:00～23:30
火休

上：トルコで食後に飲まれる伝統的なトルココーヒー（500円）。
左：トルコ大使館のシェフもつとめたムスタファさん。ユルディズでは、バクラヴァもシェフの技が光るお手製です。

オスマン帝国とともに独特の発展を遂げたトルコ料理は、ヨーロッパの食文化にも大きな影響を与えました。有名なアプフェルストゥルーデルの特徴的な生地もトルコが発祥で、ハンガリーを経由してドイツやオーストリアへと伝わったといわれています。そのルーツがトルコ菓子の王様「バクラヴァ」です。

バクラヴァは15世紀後半にはメフメット2世の宮廷の仕入れ帳にも名前が記されている古いお菓子で、ユフカと呼ばれる薄い生地を重ねてつくります。このユフカを後ろに置いた新聞の文字が透けて読めるくらいに薄く延ばすのが職人の腕の見せどころ。

ユフカの間にピスタチオなどを挟みながら30層重ねていくのがスタンダードとのことですが、枚数はお店によってさまざま。バターをかけてオーブンで焼いたものに、上からたっぷりシロップをかけて完成です。

もうひとつ伝統的なお菓子が19世紀のイスタンブールで誕生したとされる「カザン

「カザンディビ（500円）」は「鍋の底」という意味。鍋底で飴色になったカラメル部分を上にして供されます。

ディビ」。トリの胸肉をレシピに使う中世アラブのデザートが発祥です。ねっとりもちもちした葛餅のような食感のミルクプディングで、シナモンをふりかけた表面はこんがりとほろ苦いカラメルの味。

どちらも甘いお菓子ですが、とびきり濃厚なトルココーヒーによくあいます。

オスマン帝国の旗（左）と現在のトルコの国旗（左）。
モザイクガラスの美しいランプもトルコの伝統的工芸です。昔は宮殿やモスクで中にろうそくを入れて使用されていました。

右：シェフのお父さんとオーナーである息子さんが開いたトルコ料理レストラン。店名の「ユルディズ」はトルコ語で「星」という意味。
下：トルコのチャイ（250円）は必ず角砂糖を添えて出します。ミルクは絶対に入れません。茶葉はリゼ・ティーを使用。黒海沿岸にあるリゼ県はトルコ紅茶の名産地として知られています。

中東のお菓子が買えるお店

東京ジャーミイ ハラールマーケット

自然の素材を使った ハラールの甘い食べもの

左：東京ジャーミイは日本最大のモスク。2018 年に文化センターが増設され、2019 年には施設内にハラールマーケットがオープンしました。
上：訪れた人へのサービスとしてエントランスに置かれた山盛りのデーツ。

「ハラール」とは食に限らず生活全般においてイスラーム法において合法なものを指し、ムスリムが食べてよいものがハラールな食べ物です。トルコ系モスク「東京ジャーミイ」のハラールマーケットでは、日本にくらす多くのムスリムの人たちのためにアジアや中近東など各国のハラール食品や雑貨を販売しています。

　中東を代表するお菓子「ハルヴァ」には数えきれないほど種類がありますが、ここで売られているのはゴマペーストと砂糖でつくるトルコの「ターヒン・ヘルヴァス」。プレーンのほかにピスタチオやアーモンド入りやチョコレート味もあり、サクッとした食感で口の中でまったりと溶けていくので、やみつきになるおいしさ。トルコではおやつとしてだけではなく、パンと一緒に朝食に食べたりもするそうです。

　ぶどうを皮ごと濃縮した「ペクメズ」とゴマペースト「ターヒン」も朝食の定番です。それぞれ料理やお菓子にも使うのですが、トルコではふだんの朝ごはんとして、ふたつを一緒にパンに塗って食べています。

そしてムスリムの人々の日常に欠かせない甘味がデーツ。産地や品種で大きさや味がまったく異なり、人気が高いのは預言者ムハンマドが食べていた「アジュワ」というメディナのデーツです。栄養価も高いというデーツ、一度食べくらべてみるのもよさそうですね。

「ハラールマーケットの目的は営業ではなく、多くのムスリムの人たちを助け、同時にジャーミイの運営を助けること」とマネージャーのアディリさん。

東京ジャーミイ ハラールマーケット

東京都渋谷区大山町1-19
tel | 03-5790-0760　**open** | 10：00〜19：00／無休
online shop | https://halalmarket.tokyocamii.org/

アーモンド味とチョコレート味の「ハルヴァ（750円）」。
トルコでは嫌いな人はいないというほど人々に愛されているお菓子で、タッパー容器からスプーンでしゃくって食べる人もいます。

ぶどうシロップ「ペクメズ（530円）」（左）とゴマペースト「ターヒン（560円）」（右）はトルコの朝食の定番。ぶどうを煮詰めたシロップの歴史は古く、中東だけでなく古代ローマでも甘味料として用いられていました。

右:トルコを代表するお菓子「ロクム（1箱1250円）」。スターチと砂糖を練り上げ香りをつけています。もちっとやわらかい食感は日本の求肥飴に似ています。
左：預言者デーツとも呼ばれている最高級デーツ「アジュワ（1900円）」。実は黒くて小さめで、サウジアラビアのマディナでしか採れない貴重な品種です。

モスクは、チューリップの礼拝堂とも呼ばれています。じつはチューリップはトルコ原産で、モスクの装飾のあちこちにチューリップのモチーフが隠れているそうです。

Column

ハルヴァの話

東京ジャーミイで売られているさまざまな味のハルヴァ。

　ロシア語通訳者の米原万里さんのエッセイ「トルコ蜜飴の版図」（『旅行者の朝食』収録）を読んで、ハルヴァに興味を持った人は多いはず。子どもの頃、缶に入ったベージュ色のペーストをスプーンでこそげて食べた米原さんは、こんなにおいしいお菓子は初めてだと思うのですが、その後、さまざまなハルヴァに出会うもそのときの感動の味にはなかなか再会できないのでした。

　最近、日本でも見かけるようになったのはゴマのハルヴァ。しかしどうも米原さんが最初に食べたものとは少し異なる印象なので、トルコに住む友人に聞いてみると、いろんな種類のハルヴァがあるけど本当はお葬式のハルヴァがいちばんおいしい、と言うのです。東京ジャーミイ（P116）のアディリさんも、確かにお葬式では特別なハルヴァを配ると話していたし、林周作さんも〝命日に食べるハルヴァ〟に出会っています（P165）。どんなハルヴァなのかいまだ謎なのですが、きっと悲しみを癒してくれる味なのでしょう。

　一方、インドにはソアン・パプディというハルヴァに似たお菓子がありますが、これは砂糖でできた糸飴の一種。インドにもハルヴァ（ハルワー）はあるけれど、こちらは固形ではなく、セモリナ粉やすりおろしたニンジンなどを甘く煮たものなのです。

　このようにハルヴァには固形とプディング状のものがあり、北アフリカから南アジアまで幅広い地域にみられるお菓子です。発祥の地は古代メソポタミアらしく、そもそもアラビア語での「ハルワー」は「甘いもの」という意味。オスマン帝国の宮廷ではお菓子職人を「ヘルヴァサイ」と呼んでいたそうなので、本来は甘いもの全般を指していたのかも。トルコにもプディング状のハルヴァがあり、寒い日にハルヴァをぐつぐつ煮ながらみんなでおしゃべりする風習もあったそうです。

　国によってじつにさまざまな種類が存在するハルヴァ。インターネットで検索するだけでも未知のハルヴァがたくさん見つかり、アラブの食文化の本を開けば〝陶器の容器に入った数万円もする高級ハルヴァがある〟などという話を目にして、はてしなく興味がわいてきます。

第4章

アジアのおやつ

台湾

茶藝館で味わう上品な甘さの伝統スイーツ

豆花、湯圓 トウファ、タンユエン

中国茶は専用の茶器でていねいに淹れて飲むと、香りや味をよりおいしく堪能できます。質の高い烏龍茶の産地でもある台湾には、伝統的な作法でお茶を楽しめる「茶藝館」があります。

まるで台湾の茶藝館にいるような「月和茶《ゆえふうちゃ》」は、まだ日本に台湾のお茶も甘味も知られていなかった頃、台南出身の楊明龍《ようめいりゅう》さんが始めたお店です。店名は「月とお茶」という意味で、台湾で大事にされている旧暦の月と台湾茶を知ってほしいという思いが込められています。台湾の古い民家を再現した内装など、すべて楊さんがみずから手がけました。

毎日手づくりしている「豆花《トウファ》」は豆乳にサツマイモ粉を加えていて、ふんわりした食感です。トッピングは日替わりなのでその日のお楽しみ。季節の食材をとりいれた豆花もあります。白玉団子の「湯圓《タンユエン》」は、ゴマの風味が口にいっぱいに広がるデザートです。

最近はすっかり日本でも人気となった台湾スイーツですが、楊さんがお店を始めた当初は見慣れないせいか敬遠されることもあり、お客さんに食べてもらうために見た目を美しくするなどの苦労があったといいます。ただ、今でも伝統的な甘味をそのままつくるのではなく、月和茶らしい工夫を加えるようにしているとのこと。甘味だけでなく台湾家庭料理をベースにしたオリジナルの薬膳料理も提供しています。

台湾茶藝館 月和茶

東京都武蔵野市吉祥寺本町2-14-28
大住ビル2F
tel｜03-3261-2791
open｜月～金11:00～18:00 土日祝 11:00～22:00／火休（祝日の場合は営業）

「吉祥豆花（ジイシャントウファ／680 円）」のこの日のトッピングは、紫芋とタロイモのお団子、黒タピオカ、あずき入りの白タピオカ、ハトムギ、甘く煮たピーナッツ、黄色いのはマンゴー味のおもち。

「薑汁桂花湯圓（ジャンツーグイファータンユエン／ 580 円）」金木犀の花を浮かべた生姜スープに、黒ごま餡のお団子が入った上品なデザート。湯圓は、台湾では冬至の日に家庭円満を願って食べるという風習があります。

楊さんのふるさとである台南の茶藝館そのままの店内。最初は経堂にお店を開き、その後吉祥寺に移りました。吉祥寺を選んだのは「寺」という字が入っているから。台南はお寺が多いので、親しみを感じたのだそうです。

自家製の「鳳梨酥（パイナップルケーキ、3個入り1080円）」。何度も試作をくりかえして、ようやく月和茶らしいパイナップルケーキが完成したといいます。ステンドグラスのようなすてきなパッケージは当時のお店のスタッフによるデザイン。

数々の茶器のコレクション。お茶の種類や淹れかたも丁寧に教えてくれます。お茶の種類も豊富。楊さん自身がブレンドした健康茶もあります。

テーブルや椅子、美しい彫り物のある欄間や装飾品などのインテリアはすべて台湾からもってきたもの。30年前から少しずつ楊さんが集めてきたコレクションです。椅子のデザインもひとつひとつ違います。

香港

甘くてしょっぱいバタ付きパンを濃厚なミルクティーと一緒に

菠蘿油 ポーローヤオ

香港式ミルクティーと「菠蘿油（ポーローヤオ／310円）」。
カロリーさえ気にしなければ朝食や軽食にぴったり。

香港贊記茶餐廳 吉祥寺店
東京都武蔵野市吉祥寺本町1-8-14
tel 050-5595-2339
open 10:30〜22:30／無休

贊記の「エッグタルト（250円）」はサクサクしたクッキー生地タイプ。点心の一種で広州から伝わりました。マカオのエッグタルトは、ポルトガルのナタにヒントを得て英国人アンドリュー・W・ストウさんが店で売り出したのが評判になったものです。

「茶餐廳《チャーチャンテン》」は、喫茶店と食堂がひとつになった香港ならではの飲食店で、香港人の生活には欠かせない存在です。

茶餐廳で人気の「菠蘿油《ポーローヤオ》」は、「菠蘿包（パイナップルパン）」にスライスしたバターを挟んだもの。熱々の甘いパンと冷たいバターの塩気が絶妙の組み合わせです。菠蘿包にはパイナップルは入っていませんが、クッキー生地をかぶせて焼いたパンの表面がパイナップルに似ているのでそう呼ばれています。

香港人は外食する人が多いので、茶餐廳は朝食や夕食をとる人でいつも賑わっています。「賛記」吉祥寺店の店長さんも、小さいときからお母さんと毎日のように家の近くの茶餐廳に通っていたとのこと。菠蘿油がいつ頃出現したのかは謎ですが、1960年代生まれの店長さんの記憶では、子どもの頃はメニューにバタートーストしかなかったそうです。その後バターを挟んだロールパンが登場し、あるとき突然菠蘿油が現れて衝撃を受けたとのこと。

菠蘿油と一緒に頼みたいのは、濃く出した紅茶にエバミルクを使う香港式ミルクティー。口当たりがなめらかで濃厚な味は一度飲んだら忘れられません。

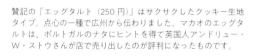

中国

琥珀色の桃の樹液にナツメやクコの実を添えた薬膳スイーツ

桃膠《タオジャオ》、双皮奶《シュアンピィナイ》

古代から中国には食を通じて健康を保つという考えがあります。紀元前の西周時代には皇帝の食事を管理する「食医」と呼ばれる医師がいて、病気を治す医師よりも重視されていました。現代でもこうした考えは「自分の体にあわせたものを食べる」というごく自然な形で人々の生活に根づいていて、伝統的な甘味にも体によい素材が入っています。

　中国茶と薬膳スイーツのお店「甘露」では、めずらしくておいしい薬膳食材を使った中国のデザートが食べられます。「桃膠《タオジャオ》」は桃の樹液。琥珀のような樹液の固まりを水につけて一晩戻すと大きくふくらみ、それを好みのかたさになるまで氷砂糖と一緒に煮ます。美容効果が高いといわれ、同じ効果のあるツバメの巣は高級すぎて手が届かない庶民にも身近な食材でした。中国や台湾のごく一部の地域で食べられていて、中国北部では知られていないそうです。

「双皮奶《シュアンピィナイ》」は広東省順徳の名物で、牛乳を二回蒸すことで二層の膜ができるというのが名前の由来。卵白だけで牛乳をかためます。もともとは乳脂肪の高い水牛の牛乳でつくるそうですが、ほのかな甘さで滋養のあるミルクプリンです。

中国茶と薬膳スイーツのお店で、夜はイベントの開催や事前予約でスペースの貸し出しも行っています。地域のウェブマガジンを運営していた店主がコミュニティカフェをやろうと思ったのがお店を始めたきっかけ。

甘露

東京都新宿区西早稲田3-14-11
tel｜03-6823-5484
open｜11:30〜18:00
木曜休（そのほか月2回休みあり）
online shop｜https://kanro-online.stores.jp/

「紅棗銀耳桃膠（550円）」桃の花の涙ともいわれる桃膠に、漢方食材でもあるナツメやクコの実、シロキクラゲという美容効果の高そうな組み合わせ。桃膠は血の巡りをよくするとされているため、妊娠中の人は控えたほうがよいそうです。

左：中華パイ「蛋黄酥（ダンファンスゥ／400円）」は、餡に包まれたアヒルの塩漬けの卵黄が入っています。
下：のんびりとお茶を注ぎ足しながらくつろぐげるよう、各テーブルにポットがあります。何回も差し湯をしながらいつまでも長居してしまいそう。烏龍茶や紅茶以外にも各地の緑茶や白茶、普洱茶、工芸茶なども用意しています。

上：「紅豆蓮子百合双皮奶（630円）」さまざまなトッピングが選べるミルクプリン、写真は蓮の実と百合根、小豆入り。
下：焼き菓子は持ち帰りも可能。

インド

店内を埋めつくす
色鮮やかな
インドの生菓子

ミタイ
Mithai

シロップ漬けのミタイの数々。左上から時計回りに、「ラージボッグ（250円/1個）」、「グラブジャムン小（500円/250g）」、「ラスグッラ（250円/1個）」、「グラブジャムン大（250円/1個）」

「ミタイワラ」はお菓子屋さんという意味。店名にトウキョウとつけたのは、インドと日本の融合を考えたから。

トウキョウ ミタイワラ

東京都江戸川区西葛西3-14-3 1F
tel | 03-6808-0777
open | 12:00〜21:30／月休

インドの伝統菓子を「ミタイ」と呼びます。神様にお祈りするときにお供えしたり、お祭りやお祝いのときに食べたり、誰かを訪ねるときに手土産にしたり、日常のあらゆる場面でミタイは欠かせない存在です。

お供え菓子には豆を使ったものが多く、代表的なのが「ラドゥー」というお団子です。ひよこ豆の粉に砂糖とギーというシンプルな材料を基本に、カルダモンで香りをつけたり、ナッツを加えたりと数々のバリエーションがあり、豆を使っているためか、どこか和菓子を思わせる味です。

またミタイで重要なのは、すべてベジタリアンでも食べられる素材を使っていること。牛乳は大丈夫ですが、卵は使えません。牛乳を使ったミタイは高級品。3〜4時間かけて煮詰めた牛乳をベースにつくる「カラカンド」や「ペダ」「バルフィ」はほろっと崩れる食感でミルクの風味が凝縮されています。

店内に珍しいミタイがあふれる「トウ

右：「ラスマライ（1個 280円）」は、パニールというお豆腐のようなチーズでつくったふわふわのお団子を、甘いカルダモン風味のミルクソースに浸したデザート。
下：おせち料理のお重や和菓子のパッケージからヒントを得たという、ミタイのギフトボックス。できれば前日までに注文を。在日のインドの方々が、祝い事にはもちろん、日本にもあるシーク教やヒンドゥーのお寺に供えるために買いに来るそうです。

キョウミタイワラ」では、量り売りのテイクアウトが可能です。どれも甘さのなかにスパイスの香りと素材の味が生きていて、おいしいものばかり。詰め合わせのギフトボックスは、見た目も美しく手土産によさそうです。

揚げたてがおいしい「ジャレビ（2個300円）」。鮮やかなオレンジ色なのは、揚げた生地をサフランの入ったシロップにつけるため。ゆるい生地を油に落として揚げてからシロップに浸すというお菓子は、インドから中近東や北アフリカにも伝わっています。

お菓子はみんなで食べるものという考えから、250g からの量り売りが基本（1 ピースから販売しているものもあります）。ひよこ豆やミルク系のお菓子のほか、「バルシャイ」や「グジヤ」といった揚げ菓子の種類も豊富。甘いお菓子以外にも塩味のスナックもあります。

上：トウキョウミタイワラでは、野菜を使ったヘルシーでおいしい軽食セットも食べられます。「チョーレバトゥラ（800円）」はひよこ豆のカレーに揚げパンのセット。
下：「チャイ（390円）」。どんなスパイスが入っているのかまわりに並べてもらいました。

いくつもの種類があるミタイは、好きなものをひとつから味わうことができます。インドのお祭りや季節に合わせて期間限定のミタイも登場。またミタイとインドのスナック、マサラチャイがセットになった「アフタヌーンティーセット（2名3400円／1名1700円）」もあります。

インド

マサラチャイと一緒に味わいたい一口サイズのミタイ

ミタイ
Mithai

インドのミタイを食べてみたいけど、味が想像できない……そんなときチャイやコーヒーと一緒に一口サイズのミタイをいろいろ味わえるのが「ムンバイ＋インディアティーハウス」です。

なかなか名前を覚えにくいミタイですが、基本的に「ラドゥ」といえば丸いもの、「バルフィ」は平べったいものと形が決まっているそうです。「バルフィ」はヒンディ語で氷を意味する言葉が由来。氷のように薄く固めるのでその名称になったのではないかとも言われています。デーツを使ったリッチな味は「デーツ&ナッツバルフィ」、あっさりした「ガジャルバルフィ」はニンジン（ガジャル）を使っているといった具合に、素材の名称がついているものが多いです。

小さくてかわいらしい「ベイサンピンニー」は、ひよこ豆の粉（ベサン）と砂糖をギーで練り上げた素朴な味。世界一甘いといわれる「グラブジャムン」はドーナツのシロップ漬けで、噛むごとにジュワッと甘いシロップが染み出してきます。

ミタイは本場よりも甘さを控えめにしているためとても食べやすく、店内、テイクアウトともに一個からでもオーダーが可能。まずは気になったものを気軽に味わってみれば、必ず好みのミタイが見つかるはずです。

ムンバイ＋インディアティーハウス
東京都新宿区四谷1-8-6 ホリナカビル 1F
tel | 03-3350-0777
open | 11:00〜22:00（L.O）
※ミタイは14:00〜

左から：ニンジンと練乳を煮詰めてつくったしっとりなめらかなファッジ「ガジャルバルフィ（180円）」、デーツとナッツがたっぷり入った「デーツ＆ナッツバルフィ（230円）」。ひよこ豆の粉と砂糖をギーで練り上げた小さいクッキーのような「ベイサンピンニー（3個150円）」。

ショーケースにはミタイのサンプルのディスプレイがあります。ココナッツとミルクの餡が入ったパイ「グジヤ（230円）」、ドーナッツをシロップに漬けた「グラブジャムン（200円）」、ミルクをナッツやカルダモンと一緒に煮詰めた「カジュバルフィ（150円）」。

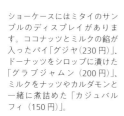

スリランカ

ヤシの花の蜜をたっぷり使った蒸しプリンとヨーグルト

ワタラッパン、キリパニ Watalappan, Kiripani

セイロンドロップ

東京都千代田区西神田2-8-9 立川Aビル
tel｜03-3261-2791
open｜火～金11:30～21:00 土日祝 ～20:30
月休

スリランカを代表する伝統的なデザートは「ワタラッパン」という蒸しプリン。つくり方はシンプルですが、分量をきっちり守らないと固まらなかったり、火が入りすぎて焦げてしまったり、じょうずにつくるのにはコツが必要。カラメル味のフレンチトーストのようなおいしさで、材料には卵やココナッツミルク、スパイスのほかにヤシの砂糖を使います。

昔からスリランカでは「キトゥル（孔雀椰子）」というヤシの花の蜜を煮詰めたシロップ「キトゥルパニ」を甘味料として用いてきました。キトゥルパニをさらに煮詰めて固形にしたものを「ハクル」といい、この黒糖に似たハクルはワタラッパンに使ったり、固まりのままかじりながら紅茶を飲んだりします。

キトゥルパニをヨーグルトにかけただけのシンプルなおやつが「キリパニ」です（スリランカでは水牛のヨーグルトを使うとのこと）。辛いカレーの後に冷たくて甘いので口の中ヤシの蜜とスパイスの蒸しプリン「ワタラッパン（単品550円）」。スリランカではお祭りのときにも家庭でよく食べられていますが、おいしくつくるのが難しいので得意な人がたくさんつくって近所に配ったりもするそうです。

がさっぱりするため、子どもから大人まで大好きな、食後に必ず食べるといっていいほどの定番のデザートです。

ヤシの花の蜜のシロップ「キトゥルパニ」(右)とそれをさらに煮詰めて固形にした「ハクル」(左)。蜜は花が蕾のときに採取します。ヤシの木に登って蕾の根元に専用ナイフで切り込みを入れ、こぼれてくる蜜を設置した器に溜めていきます。蜜はそのままジュースとして飲むこともあります。

「キリパニ(単品450円)」。「キリ」はヨーグルト、「パニ」は甘いという意味。

「インド洋の真珠」といわれるセイロン島は世界一の紅茶輸出国。スパイスの産地としても有名で、お店ではスリランカから輸入したおいしい紅茶やスパイスが各種販売されています。スリランカ人は「紅茶をつくるのは上手だけど、飲むのがへた」だそうで、現地では砂糖をたくさん入れてうんと甘くして飲むのが一般的。

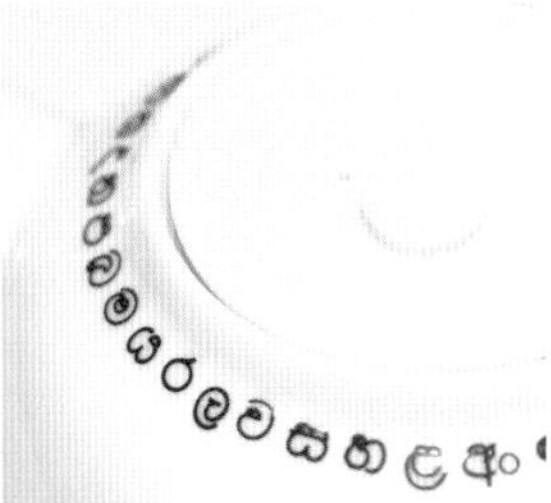

スリランカの公用語はシンハラ語とタミル語。店内の食器もシンハラ文字、タミル文字の２種類あります。

ベトナム

カラフルな冷たいパフェと体が芯から温まるぜんざい

チェー Chè

店名についた「333」という数字は「バーバーバー」と読みます。ベトナムでは9がラッキーナンバー。ぞろ目も好まれており、3を全部足すと9になることから「333」は幸運の数字。国民的なビールのブランドでもあります。

ベトナムの代表的なデザートが「チェー」。南北に長いベトナムは、ハノイのある北部とホーチミンのある南部ではかなり気候が違うので、食文化も異なるのですが、チェーは全国的に知られている人気のスイーツです。

甘いココナッツミルクやシロップの中に、甘く煮た豆やフルーツ、タピオカ、ゼリーなどの具材を自由にトッピングできるので、チェーのバリエーションは無限に存在します。

比較的暖かい南部では氷の入った冷たいチェーが主流。大きなグラスに入ったいろいろな具材が目にも楽しく、シャクシャクした氷と一緒に違った食感が味わえるパフェのようなスイーツです。冷たいスイーツとしてはチェーと並んで、練乳とココナツミルクにフルーツをふんだんに使った「シントー」というスムージーも人気があります。

北部では、冬に寒くなると温かいチェー

温かいチェーは甘さ控えめ。豆乳シロップにショウガや白餡、ごま、もち麦、ナッツを加え、季節のフルーツを添えます（撮影時は柿でした）。香りのよいハス茶と一緒にいただきます。

店内ではベトナムやタイなどのアジアの雑貨も販売しています。

が食べられています。ほんのり甘いぜんざいのようで、お腹にもやさしい。白玉団子や緑豆餡、ショウガなど体によさそうな具材をたっぷり使った体の芯から温まるデザートで、軽食にもぴったりです。

左から：仙草ゼリーや白きくらげの入った「ジャスミンシロップ・チェー（650円）」、黒タピオカとクワイ入りの「マンゴーココナッツ・チェー（750円）」、パンダンリーフやサラシロップのゼリーがカラフルな「ココナッツミルク・チェー（650円）」、オーギョーチーにバナナやパイナップルをあわせた「ソイシロップ・チェー（750円）」。それぞれ緑豆餡や小豆餡が入っていて、追加のトッピングも可能です。　写真提供：Chè333

Chè333

東京都目黒区鷹番3-18-3
tel｜03-6412-8866
open｜月～金12:00～20:00
土日祝11:00～20:00／水休

マレーシア

小豆よりもさっぱりとした味わい やさしい甘さの黒米ぜんざい

ブブヒタム、アパンバリッ
Bubur Hitam, Apam Balik

あっさりとした黒いもち米のデザート「ブブヒタム（580円）」。

マレーシアの伝統的なデザートで中華系の人もマレー系の人も好きなのが、黒いもち米を甘く煮た「ブブヒタム」。ココナッツミルクを入れるのはマレー風です。見た目は甘そうですが意外にも口当たりはさらっとして、日本のお汁粉ほど甘くありません。結婚式などお祝いのときにもよく食べられているそうです。

屋台のお菓子で大人気なのは「アパンバリッ」。表面がパリッと香ばしく中はしっとりしたおいしいクレープで、ピーナッツとスイートコーンが間に入っています。ホットケーキのようにふわふわ厚いタイプもあるそうですが、どちらも専用の丸い型できれいに焼くのは職人技。難易度が高いので、家でつくることはまずありません。

そのほかの伝統菓子には米粉を蒸した「クエ」があります。パンダンリーフや紅麹など天然色素を使ったカラフルな生菓子で、もちもちした食感がういろうにそっくり。またカレーと一緒に食べることの多い「ロティチャナイ」という薄焼きパンも、粗挽きの砂糖をつけて食べることもあるそう。「屋台で砂糖がほしいといえば必ずもらえるよ！」というくらい定番の庶民的おやつです。

マレーシア風クレープ「アパンバリッ（580円）」は屋台で売られている人気のおやつ。

マレーシアの老舗食品メーカーの系列レストランで、日本流にはアレンジせずに本場のマレーシア料理を提供しています。

マレーアジアンクイジーン

東京都渋谷区渋谷2-9-9 SANWA青山ビル2F
tel｜03-3486-1388
open｜11:00～14:30、17:00～23:00
日曜11:00～15:30、17:00～22:00

タイ

イスラム風プディングにアユタヤ王朝の伝統のプリン

ズーイー、カノムモーケーン

Zuyi, Khanom Mo Kaeng

お弁当やスイーツは全てハラルフード。タイのお菓子は甘すぎるので、現地の半分くらいの甘さに抑えているそうです。

タイの人たちは甘いものが大好き。あたたかいお汁粉のようなデザートから、冷たい生菓子、あつあつの焼き菓子まで、手軽に食べられるおやつは街中の屋台でもたくさん売られています。

　仏教徒の多い国ですが少数ながらムスリムもいて、「ルンルアン」で売っている「ズーイー」はイスラムのお菓子。カルダモンとココナッツミルクで甘く煮たバミセリ（極細のパスタ）に、レーズンとアーモンドがのっています。南インドの「パヤサム」と呼ばれるプディングにそっくりなので、インドがルーツかもしれません。

「カノムモーケーン」はアユタヤ王朝時代にポルトガルから伝わりタイ風にアレンジされた伝統的菓子。タロイモとココナッツミルクでできた硬めのプリンで、食べるときにフライドオニオンをトッピングします。タマネギ？　と最初はびっくりしますが、意外にも味に深みが出て、噛み心地もクセになりそう。

　タイでは屋台で積み上げるようにして売っているという「カノムトゥアイ」は、小さな陶器の器に入ったかわいい蒸し菓子。ココナッツ味のムースとジャスミンライスのゼリーが二層になっていて、異なる食感を楽しめます。

　また、庶民的なデザートとして、ココナッツミルクで和えたサツマイモやバナナのシロップ煮やカステラのようなお菓子もよく食べられています。

ルンルアン　お菓子処

東京都新宿区百人町1-14-5
tel | 03-5330-8778
open | 10:00～20:00／日曜休

店名の「ルンルアン」は“繁昌する、栄える”という意味。
タイでは少数派のイスラム教徒である店主がはじめたお弁当とスイーツのお店です。

左から：「カノムトゥアイ（216円）」、「カノムモーケーン（216円）」、「ズーイー（216円）」。

チベット

特別なお祝いのときだけ食べるサクサクの素朴な揚げ菓子

カプセ Khapse

お祝いのときに大量につくって食べる「カプセ（350円）」。

店名の「タシデレ」とは「こんにちは」とか「幸福」という意味。店内には「タルチョ」という五色の伝統的な祈禱旗が飾られています。
ツァンパを使ったお店のオリジナル菓子「ツァンパケーキ（450円）」。レーズンやカシューナッツが入って香ばしくておいしい。

高い山々に囲まれた高原の国チベットでは「ツァンパ」という炒った大麦の粉が主食。バター茶で練ってお団子にしたり、バターやチーズと練って「トゥ」というお菓子をつくったり、旅のときの携行食にもします。

チベット暦の正月や結婚式といった祝いごとのときに食べられているのは「カプセ」という揚げ菓子です。小麦粉と砂糖と油だけでつくる手軽なおやつですが、ふだんは食べない特別なもの。家庭によって大きさや形も違うカプセを山のようにつくり、お客さんにもふるまいます。サクサクとした、甘くないかりんとうのようで、子どもから大人まで大好きだとのこと。確かに手が止まらずにどんどん食べてしまうけど、カロリーはそれなりに高いので要注意。

ツァンパやカプセを味わえる「タシデレ」は、僧侶でもあった黒木露讃（ロサン）さんが奥様の奈津子さんとはじめたお店です。1956年のチベット動乱後、多くのチベット人がインドやネパールに亡命しましたが、ロサンさんもネパールで生まれ、インドで育った亡命二世です。チベットの文化についても広く知ってほしいとお店ではさまざまな講座も開かれています。

チベットレストラン&カフェ　タシデレ

東京都新宿区四谷坂町12-18
tel｜03-6457-7255
open｜11:00～15:00、17:00～22:00、土日祝11:00～22:00

アジアのお菓子が買えるお店

アジアスーパーストアー

色とりどりで香り豊かなタイの生菓子

タイ料理に使う野菜や調味料などの食材にお菓子やスナック、紅茶やジュースなどの飲み物のほか、日用品からキッチン用品まであらゆるものがそろうスーパー。タイ以外にもさまざまなアジアの国の商品を扱っています。

タイの食材や日用品などを扱う「アジアスーパーストアー」には、タイの生菓子を販売しているコーナーがあります。

「カオトム」はココナッツミルク風味の甘いお米をバナナの葉でくるんで蒸した粽《ちまき》。昔からタイ全土で食べられている伝統的なおやつで、お米の中にはバナナや黒豆が入っています。似たようなお菓子に、蒸さずに焼くタイプの「カオニョウピン」があります。

香りや色をつけるためにパンダンリーフもお菓子によく使われます。翡翠色のパンダンプディングにココナッツクリームをあわせたデザートはよい香りで見た目も美しく、やわらかな口当たり。

おいしいだけでなく縁起がよいとして非常に好まれているのが「フォイトーン」や「トーンヨート」「トーンイップ」といった卵黄を使った金色のお菓子。これは17世紀末から18世紀初頭にひとりのアユタヤ人女性がポルトガルのお菓子をアレンジしてタ

ココナッツミルクだけでも種類がたくさん。めずらしい生菓子やスナックもあります。
左下はパンダンリーフの器に米粉とココナッツのゼリーが入った「タコーバイトーイ」。

イの宮廷に伝え、広まったものです。

その女性はマリー・ギマー。ポルトガルとベンガル、日本の血を引く彼女は、アユタヤ王宮に宮廷料理人として仕え「ターオ・トーンキープマー」という菓子担当の官位を得ました。ポルトガル菓子の製法や卵や小麦粉といった西洋の材料をタイの伝統菓子に取り入れたのは彼女の功績です。

かわいらしいパッケージの食用色素。

「フォイトーン（上）とトーンヨート（下）（セットで500円）」は卵黄を使った生地を香りのよいシロップに浸したお菓子で、鶏卵素麺の仲間。「トーン」は"金"という意味で、それぞれ「金の糸」「金の滴」という名前。

左：「カオトム（500円）」は「煮た米」という意味。お店ではバナナ入りと黒豆入りの2種類がセットになっています。
下：「パンダンリーフのプディングとココナッツクリーム（250円）」ゴマやココナッツクリームがのった、なめらかなムース。

アジアスーパーストアー

東京都新宿区大久保1-8-2
シャルール新宿2F
tel｜03-3208-9200、03-3208-9199
open｜9:30〜23:30／無休
online shop｜https://asia-superstore.com/

番外編

世界の郷土菓子と出会えるお店

クリスマス限定のお菓子「ベラヴェッカ（1本1800円/100本限定）」。名前の意味は「洋梨のパン」ですが、パンというよりもドライフルーツそのものを食べているようなコクのある味わい。ワインやチーズにも合いそうです。アルザス地方では12月になるとパン屋さんやお菓子屋さんの店頭に並びます。

世界にはまだまだ知られていないお菓子がたくさんあることに興味をもち、実際に食べてその味を伝える菓子職人となった林周作さん。郷土菓子研究社を名乗って世界中を旅しながら、各国の郷土菓子を調べています。2016年には、さまざまな国のお菓子を提供するBinowa Cafeをオープンしました。

　ホリデーシーズンに限定販売をしている「ベラヴェッカ」はフランス・アルザス地方のクリスマス菓子。洋酒とスパイスに漬け込んだドライフルーツがたっぷり入っていて、日が経つにつれて熟成し、味に深みが増していくのでクリスマスの日まで少しずつ切って食べていきます。

　定番商品で人気の「カヌレ」はフランスのボルドー発祥のお菓子。型に蜜蝋を塗って焼くという独特の製法は、修道院で生まれた発想です。季節限定のカヌレもあり、秋は中にごろんとマロングラッセが丸々一個入った栗カヌレが登場します。

　珍しいアゼルバイジャンのお菓子も定番メニューです。粗糖とクルミのザクザクしたフィリングを甘くない生地で包んだ「シェチェルブラ」は、カルダモンのよい香りがする素朴なお菓子。

　そのほか、ラム酒の香りが効いたアーモンドケーキ「ガトーナンテ」やスイスのソフトクッキー「バーズラーレッカリー」などの定番商品のほかに、ふだんはなかなか味わうことのできない異国のお菓子を日替わりで提供しています。

Binowa Cafe（ビノワ カフェ）

東京都渋谷区神宮前6-24-2
原宿芳村ビル 2F
tel｜03-6450-5369
open｜月～金14:00～20:00
土日祝12:00～18:00
月四日間休（不定休）
online shop｜https://www.kyodogashi-kenkyusha.com/store/

上：「シェチェルブラ（400円）」はノウルーズと呼ばれる新年にもよく食べられているお菓子。独特の模様を専用のピンセットで表面につけて焼きます。
下：カウンターにはその日お店で食べられる商品のサンプルが、ひとつひとつ細かい説明付きでずらりと並んでいます。
左：秋限定の「栗のカヌレ（500円）」。カヌレは「溝がある」という意味で、その名を表す特徴的な型を使います。

インタビュー・林 周作さん

現地で食べたときの感動を思い出しながらつくっています

——郷土菓子ってなんでしょう？ 世界の食文化は混じり合っていて、その国の郷土菓子と言い切っていいのか迷うものもありますよね。

その土地に根づいているものは郷土菓子といえるかなと考えています。たとえばブラジルのパネトーネもイタリアから伝わったものだけど、もはやブラジルの郷土菓子と言っていいんじゃないかな。

パティシエの名前を冠したお菓子も、いろんな人がつくるようになれば、郷土菓子と呼べるようになる。その国の文化になっていることが大事だと思います。

——世界各地の郷土菓子を見てきて驚いた経験はありますか？

中央アジアのウズベキスタンで、ある家のお母さんからつくり方を教わったとき、最初にお鍋にけっこうな量の油を入れて、そこに今度は大量のお砂糖を投入して、油でお砂糖を煮はじめたんですよ。その時点でかなり衝撃でした（笑）。そこに小麦粉を入れてさらに煮て完成、という素朴なペーストのお菓子でした。

アゼルバイジャンのハルヴァもペースト状です。ある家に泊まったときに翌朝出てきて、親族の命日にはそのクルミのハルヴァを食べると言っていました。やさしい甘さのお菓子でした。

——地域によって甘さもだいぶ違うんでしょうね。

基本的に海外は甘くなければお菓子ではないという考えで、インドがいちばん甘くて、次が中近東、ヨーロッパ、アジアの順です。ペルーなど南米も甘かったな。ただやはり、その地域の料理とのバランスがあるんだと思います。

歴史的にみても中近東や北アフリ

カのモロッコやエジプトなどは砂糖をたくさん使うけど、いっぽうで東アフリカにあるエチオピアは今でもお砂糖が貴重で、スーパーで売ってないんですよ。政府が管理しているようで、コーヒーには入れていたから手には入るみたいですが、そのせいか甘い郷土菓子がない。「ボンボリーノ」という無糖のドーナツしか見なかったです。

——これまで食べてきた中でいちばん好きな郷土菓子は何ですか？

たくさんありますが、たとえばトルコのガジアンテップという街で朝食に食べる「カトメル」というお菓子が、あっさりした味ですごくおいしいんです。薄く伸ばした生地にピスタチオと砂糖とカイマックというクリームを詰めて、折りたたんで焼いたもので、牛乳と一緒に食べます。

ガジアンテップはピスタチオの名産地で、バクラヴァ用に特別に栽培しているピスタチオは香りが強く、歯がなくても噛めるくらいやわらかいんです。衝撃を受けました。このピスタチオもカイマックも日本では手に入らないので、どんなにがんばって再現しようとしてもこのおいしさにはならないですね。

——お店で出したくても無理というお菓子もあるんですよね。

たくさんあります！　似たようなものはできても、現地で食べたときの感動はない。特に乳製品を使ったシンプルなお菓子は再現しきれません。材料自体の味がかなり違うので、日本の材料では無理です。フルーツも難しい。たとえば採れたてのココナッツを削って仕上げるお菓子も、日本では材料が手に入らないです。

——お店で出そうと思うお菓子はどうやって決めているのですか？

自分がおいしいと思ったお菓子で、あとは季節を意識して、冬ならスパイスが効いた温かいもの、夏は冷たいものを考えています。

郷土菓子って本当においしいものは意外と少なくて、2、3割くらいしかないんです。でも同じお菓子でも店によって味が違うから、最初は好みの味じゃなくても、その違いを理解できるようになるまでいろんな場所で食べつづけるようにしています。そうした中で、自分がこれはおいしいと思ったお菓子を、食べたときの感動を思い出しながらつくっています。

——試作をして、うまくいかずに諦めることもありますか？

ありますね。日本は湿気が多いので、飴がべちゃっとしてしまったり、保存もきかなかったり。細かい点でうまくいかない。ハルヴァも本当に難しくて、かなり試作しましたけど、なかなか安定してつくれないです。

――試作は何度くらいするんですか？

かなりの回数やります。ハルヴァも30回以上つくって、ようやく見えてきたかな、という程度。試作のときは表をつくって、砂糖だけ増やす、水の量だけ増やす、分量は変えずに温度を変える……といった具合に1か所だけ変えていくんです。そうすると、ここを変えるとこういう現象が起きるのか、というのががだんだん見えてくるんです。

――林さんの「ハルヴァ」が完成する日が楽しみです！　今後はどんなことをしたいと思っているか聞かせてください。

気持ち的にはずっと海外に行きたいですね。行っていない国は全部行きたい。旅のようすを発信すると、それを見て楽しんでくれる人がたくさんいるので、それは続けていきたいです。でもどんなに情報を共有しても、相手はそれを食べることはできないので、自分のつくったものを食べてもらいたい。北米やロシアにもまだ行ってないし、またあちこち行きたいなあ。

林さんと一緒にユーラシアを旅した愛車。フランス滞在中に大陸横断を決意してすぐに自転車屋さんで購入。2012年6月にフランスを発ち、2015年12月に上海に到着するまでの長い旅を共にしました。

プロフィール

林 周作 *Shusaku Hayashi*

京都生まれ。エコール辻大阪フランス・イタリア料理課程を卒業後、世界の郷土菓子の魅力に取りつかれ、菓子職人に。2010年に3カ月ほどヨーロッパの郷土菓子を食べ歩き、2011年に渡仏。フランスの菓子屋での勤務後、2012年6月から自転車でユーラシア大陸を横断。世界を旅しながら『THE PASTRY TIMES』を毎月発行していた。2016年に世界の郷土菓子を提供するBinowa Cafeをオープン。50カ国近くを訪れ、500種以上の郷土菓子を調査している。

あとがき

子どもの頃に外国の物語を読んで、そこに登場するおいしそうな未知のお菓子にわくわくした人はたくさんいるのではないでしょうか。いったいどんな味がするのか食べてみたいなあと思ったものは数えきれないほどあって、たとえばローラ・インガルス・ワイルダーの「小さな家」シリーズの〝雪の上でつくる糖蜜キャンディー〟や〝しゃぼん玉のように中が空っぽのバニティーケーキ〟、リンドグレーンの「やかまし村」シリーズの〝味つけパン〟に〝あまいカンゾウでつくったパイプ〟、「千夜一夜物語」に登場する〝ナツメヤシ〟や〝薔薇水入りのシャーベット〟などなど……。あとになって実際に食べてみたら、想像とだいぶ違って微妙だったり、予想以上においしかったり、どちらにしても長年気になっていたものの答え合わせができるのはとても楽しくて、そこからさらに世界が広がるような気がします（ちなみに〝甘いカンゾウ〟は海外の本の中でたびたび見かけていましたが、今にして思えば多くの人が苦手とするリコリスですね）。

実際に海外に行くと、今度は本では知り得なかったお菓子にも遭遇します。たとえばその昔、北京の同和居というレストランで出された、おそらく清朝の宮廷料理の甘い点心「三不粘《サンプーチャン》」。名前の意味が「お皿にも、箸にも、歯にもくっつかない」というお菓子で、見た目は黄色くて丸いのっぺりしたお餅のよう。もちもちしているのに、さらっとした食感で、本当にどこにもくっつかない摩訶不思議なデザートでした。

今は疑問に思ったことはインターネットですぐに調べることもできるし、ここ最近では、日本にも世界各地のレストランや食材店が増え、国内にいながらにして、さまざまな国や地域の伝統的な食べ物やめずらしい食べ物を味わえるようになりました。くだんの「三不粘」も、ずいぶん後になって神田の中華料理店で遭遇して驚いたことがあります。

この本では、東京で実際に食べられる世界のおいしいおやつのごく一部を紹介しています。今回は取りあげることのできなかった国やお菓子、お店はまだまだ数えきれないほどたくさんありますが、遠い国で親しまれてきたお菓子に少しでも興味をもって、気になるものがあればぜひ実際にお店で味わってもらえたらいいなと願っています。そしてそれをきっかけに異なる国の文化や歴史についても調べてみようかなという気持ちになっていただけるととても嬉しいです。

＊＊＊

本書は昨年2019年の10月から制作を始めました。ほとんどのお店の取材を終えた2020年1月、世界はパンデミックという大きな試練にみまわれて、これから先がどうなるのかわからない不安定な状況になってしまいました。そうした厳しいなかで引き続き制作にご協力いただいたお店の皆様には心より感謝を申しあげます。皆様がこの苦しいときを必ずや乗り越えることができるよう願ってやみません。

フォトグラファーの浜田啓子さん、スタイリストの鈴木亜希子さん、装丁デザインの日向麻梨子さん、編集の関根千秋さん、それから出版社のエクスナレッジをはじめ、この大変なときに書籍の流通や販売に関わるすべての人々にも感謝いたします。

また、おいしいものが大好きで好奇心旺盛な友人たちからは、たくさんの情報を教えてもらいました。いつもありがとう。またいろんなものを食べにいきましょう。

最後にもちろん、この本を手にしてくださった読者のみなさんも、本当にありがとうございます。今回取材のなかで多くの人たちが「甘いものは悲しみをいやしてくれる」「甘いものを食べると心がほっとする」と話していました。世界の国々で愛されてきたお菓子に想いを馳せることが、少しでもみなさんの気持ちの慰めになりますように。

参考文献リスト

●『荒井商店 荒井隆宏のペルー料理』荒井隆宏 柴田書店 2014年
●『イギリス菓子図鑑』羽根則子 誠文堂新光社 2019年
●『イタリアの地方菓子とパン』須山雄子 世界文化社 2017年
●『おいしいもの好きが集まる店の 全部、自家製』野々下レイ 講談社 2017年
●『お菓子の歴史』マグロンヌ・トゥーサン＝サマ、吉田春美訳 河出書房新社 2005年
●『オックスフォード食品・栄養学辞典』Arnold E.Bender David A. Bender 五十脩訳 朝倉書店 2002年
●『音楽家の食卓』野田浩資 誠文堂新光社 2020年
●『カステラ文化誌全書 East meets West』粟津則雄ほか 平凡社 1995年
●『キャンディと砂糖菓子の歴史物語』ローラ・メイソン、龍和子訳 原書房 2018年
●『ケーキの歴史物語』ニコラ・ハンブル、堤理華訳 原書房 2012年
●『古代ローマの饗宴』エウジェニア・サルツァ・プリーナ・リコッティ、武谷なおみ訳 講談社 2011年
●『砂糖の世界史』川北稔 岩波書店 1996年
●『砂糖の歴史』アンドルー・F・スミス、手嶋由美子訳 原書房 2016年
●『砂糖の歴史』エリザベス・アボット、樋口幸子訳 河出書房新社 2011年
●『修道院のお菓子と手仕事』 柊こずえ、早川茉莉 大和書房 2013年
●『修道院のお菓子』丸山久美 地球丸 2012年
●『新月の夜も十字架は輝く 中東のキリスト教徒』菅瀬晶子 山川出版社 2010年
●『図説デザートの歴史』ジェリ・クィンジオ、富原まさ江訳 原書房 2020年
●『スパイス、爆薬、医薬品 世界史を変えた17の化学物質』ペニー・ルクーター、ジェイ・バーレサン、小林力訳 中央公論新社 2011年
●『西洋諸國のお菓子語り』吉田菊次郎 時事通信社 2005年
●『世界食物百科 起源・歴史・文化・料理・シンボル』マグロンヌ・トゥーサン＝サマ、玉村豊男訳 原書房 1998年
●『世界のかわいいお菓子』パイインターナショナル 2018年
●『世界の郷土菓子 旅して見つけた！ 地方に伝わる素朴なレシピ』林周作 河出書房新社 2017年
●『世界の食文化10 アラブ』大塚和夫 農山漁村文化協会 2007年
●『世界の食文化5 タイ』山田均著 農山漁村文化協会 2003年
●『世界の食文化8 インド』小磯学、小磯千尋 農山漁村文化協会 2006年
●『世界の食文化9 トルコ』鈴木董 農山漁村文化協会 2003年
●『世界の夢のパン屋さん』川人わかな、大和田聡子 エクスナレッジ 2017年
●『大草原の小さな家の料理の本』バーバラ・M・ウォーカー、本間千枝子、こだまともこ訳 文化出版局 1980年
●『旅するパティシエの世界のおやつ』鈴木文 ワニブックス 2018年
●『食べ物が語る香港史』平野久美子 新潮社 1998年
●『中国料理小辞典』福冨奈津子 柴田書店 2011年
●『ちょいラテンごはん 手軽で陽気なレシピ』荒井隆宏 イマージュ 2011年
●『ドイツ菓子図鑑』森本智子 誠文堂新光社 2018年
●『ナッツの歴史』ケン・アルバーラ、田口未和訳 原書房 2016年
●『ハチミツの歴史』ルーシー・M・ロング、大山晶訳 原書房 2017年
●『ビスケットとクッキーの歴史物語』アナスタシア・エドワーズ、片桐恵理子訳 原書房 2019年
●『フランス伝統菓子図鑑』山本ゆりこ 誠文堂新光社 2019年
●『ベルンカとやしの実じいさん』パベル・シュルット、ガリーナ・ミクリーノワ、大沼有子訳 福音館書店 2015年

『ポルトガル菓子図鑑』ドゥアルテ智子 誠文堂新光社 2019年

『メキシコ料理 Tepito レシピブック』滝沢久美 パルコ 2016年

『旅行者の朝食』米原万里 文藝春秋 2004年

『THE PASTRY COLLECTION 日本人が知らない世界の郷土菓子をめぐる旅』林周作 KADOKAWA／エンターブレイン 2014年

『THE PASTRY COLLECTION PART2 アジア編』林周作 KADOKAWA 2019年

『中国医学と薬膳』『日本食生活学会誌』Vol.12 No.2 三成由美、徳井教孝、朱根勝、郭析 日本食生活学会 2001年

Mark McWilliams, *Celebration: Proceedings of the Oxford Symposium on Food and Cookery*, Prospect Books, 2011

Glenn Randall Mack, Asele Surina, *Food Culture in Russia and Central Asia*, Greenwood, 2005

Michael Krondl, *Sweet Invention: A History of Dessert*, Chicago Review Press, 2011

Alan Davidson, *The Oxford Companion to Food*, Oxford University Press, 1999

Darra Goldstein, *The Oxford Companion to Sugar and Sweets*, Oxford University Press, 2015

『ゴーフル誕生秘話』上野風月堂 https://www.fugetsudo-ueno.co.jp/（閲覧日：2020年3月11日）

『ポルトガルと日本～海がつないだ友好の絆』外務省 https://www.mofa.go.jp/（閲覧日：2020年3月18日）

『パステル・バスコ』株式会社野澤組 https://www.nosawa.co.jp/（閲覧日：2020年3月17日）

『気になるスイスの郷土菓子』スイス公共放送協会国際部 https://www.swissinfo.ch/（閲覧日：2020年3月10日）

"フランスチョコレート文化の始まり～バスク地方～ 辻調グループ総合情報サイト https://www.tsujicho.com/（閲覧日：2020年3月18日）

『世界主要国チョコレート生産・輸出入・消費量推移』日本チョコレート協会 http://www.chocolate-cocoa.com/（閲覧日：2020年3月16日）

"ウェファーとワッフル" 日本洋菓子協会連合会 https://gateaux.or.jp/（閲覧日：2020年3月11日）

"ロシアおよび周辺のヨーグルト" 明治ヨーグルトライブラリー https://www.meiji.co.jp/（閲覧日：2020年3月14日）

"LES ORIGINES DU GÂTEAU BASQUE" Aquitaine Online http://www.aquitaineonline.com（閲覧日：2020年3月17日）

"Dulce de leche, manjar, arequipe o cajeta" BBC https://www.bbc.com/（閲覧日：2020年3月20日）

"Carrot Cake History" Carrot Museum http://www.carrotmuseum.co.uk/carrotcake.html（閲覧日：2020年3月3日）

"whaling" Encyclopedia Britannica https://www.britannica.com/（閲覧日：2020年3月19日）

"Carrot Cake" Food Timeline http://www.foodtimeline.org/foodcakes.html#carrotcake（閲覧日：2020年3月3日）

"Beignets: more than just a doughnut" Houma Today https://www.houmatoday.com/（閲覧日：2020年3月10日）

"payasam" Lexico https://www.lexico.com（閲覧日：2020年3月20日）

"The ensaimada" Mallorca Web http://www.mallorcaweb.com/（閲覧日：2020年3月13日）

"HISTORIA WYJĄTKOWEGO DESERU" Muzeum Historii Miasta Rzeszowa http://mhmr.muzeum.rzeszow.pl/（閲覧日：2020年3月17日）

"The Roman Sweet Tooth: Cato's Globi" Tavola Mediterranea https://tavolamediterranea.com/（閲覧日：2020年3月17日）

著者プロフィール

岸田麻矢

東京生まれ。出版社勤務を経て、書籍やウェブサイトの編集・翻訳のかたわら、マッチ箱工作や切手蒐集、洋書レビューを行う。

主な翻訳書に『世界を変えた伝説の広告マンが語る ― 大胆不敵なクリエイティブ・アドバイス』(ジョージ・ロイス、青幻舎)、『ほとんど想像すらされない奇妙な生き物たちの記録』(カスパー・ヘンダーソン、エクスナレッジ)、最近編集に協力した本に『音楽家の食卓』(野田浩資、誠文堂新光社)など。

異国のおやつ

2020年9月11日　初版第1刷発行

著者　岸田麻矢

発行者　澤井聖一

発行所　株式会社エクスナレッジ
〒106-0032　東京都港区六本木7-2-26
http://www.xknowledge.co.jp/

問い合わせ先　編集　Tel:03-3403-5898／Fax:03-3403-0582
info@xknowledge.co.jp
販売　Tel:03-3403-1321／Fax:03-3403-1829